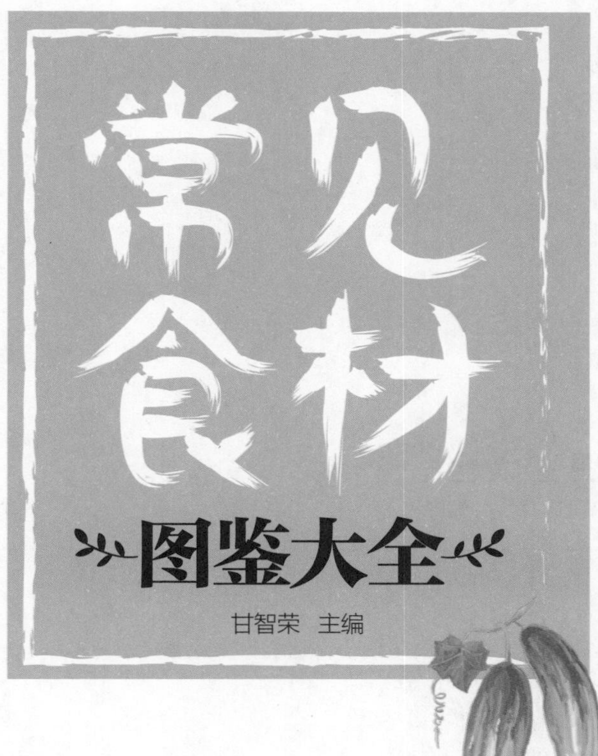

常见食材

图鉴大全

甘智荣 主编

江西科学技术出版社
·南昌·

图书在版编目（CIP）数据

常见食材图鉴大全 / 甘智荣主编. -- 南昌 : 江西科学技术出版社, 2019.7（2023.11重印）
ISBN 978-7-5390-6630-1

Ⅰ. ①常… Ⅱ. ①甘… Ⅲ. ①烹饪－原料－基本知识 Ⅳ. ①TS972.111

中国版本图书馆CIP数据核字(2018)第295790号

选题序号：ZK2018313
责任编辑：王凯勋 万圣丹

常见食材图鉴大全
CHANGJIAN SHICAI TUJIAN DAQUAN　　甘智荣　主编

出　版　江西科学技术出版社
社　址　南昌市蓼洲街2号附1号
　　　　邮编：330009　电话：（0791）86623491　86639342（传真）
发　行　全国新华书店
印　刷　永清县晔盛亚胶印有限公司
开　本　787㎜×1092㎜　1/16
字　数　250千字
印　张　18
版　次　2019年7月第1版　2023年11月第2次印刷
书　号　ISBN 978-7-5390-6630-1
定　价　98.00元

赣版权登字：-03-2019-058

目录

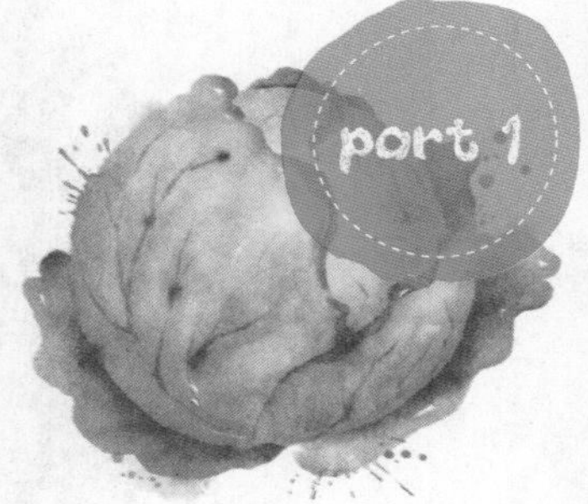

蔬菜类

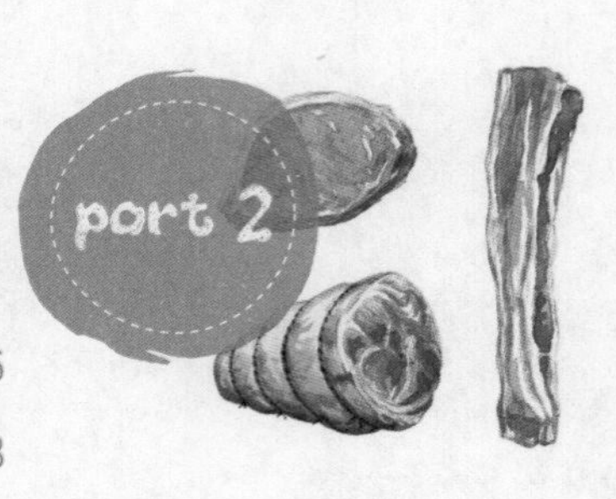

肉禽蛋类

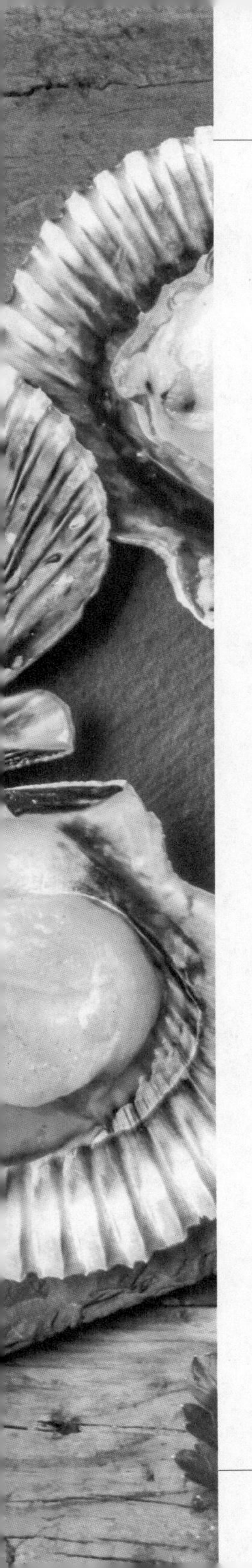

part 3 水产类

水果类 part 4

五谷杂粮类

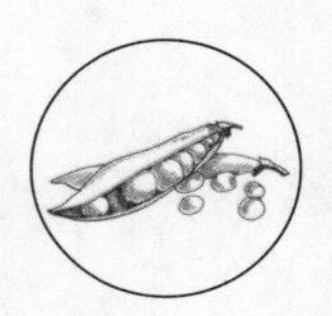

近年来，多吃蔬菜的健康理念渐渐深入人心。
蔬菜是人们生活中必不可少的食物之一，
但是，对于蔬菜，可能很多人不是很了解。
本章中选取常见的蔬菜，
教您怎么选购、储存、清洗以及烹调，
即便是厨房新手，也可以轻松掌握。

蔬菜类

大白菜

热　量： 18千卡/100克

盛产期： 1 2 3 4 5 6 7 8 9 10 11 12（月份）

大白菜简介： 大白菜营养丰富，柔嫩适口，品质佳，耐贮存。大白菜是市场上最常见的、最主要的蔬菜种类，因此有“菜中之王”的美称。

别名： 结球白菜、包心白菜、黄芽白、胶菜

性味归经： 性平，味甘，归肠、胃经。

营养成分： 含水分、蛋白质、脂肪、多种维生素、粗纤维，以及钙、磷、铁、锌等矿物质。

整棵购买时要选择卷叶坚实，有重量感的，同样大小的应选重量更重的。此外，选购大白菜的时候还要看大白菜根部切口是否新鲜水嫩。颜色翠绿色的大白菜最好，越黄、越白则越老。

1. 大白菜的营养元素能够增强机体免疫力，有预防感冒及消除疲劳的功效。
2. 大白菜中的钾能将盐分排出体外，有利尿作用。
3. 炖煮后的大白菜有助于消化，可通利肠胃。
4. 大白菜中含有丰富的维生素 C、维生素 E，多吃大白菜，可以起到很好的护肤和养颜效果。

安全处理

食盐水清洗：将大白菜一片片剥下来，放在食盐水中浸泡 30 分钟以上，再反复清洗即可。

淀粉水清洗：将大白菜浸泡在清水中，可在水中放适量的淀粉，搅拌均匀之后浸泡 15 ~ 20 分钟，捞出之后用清水冲洗两到三遍即可。

正确保存

通风储存法：如果温度在 0℃以上，可在大白菜叶上套上保鲜袋，口不用扎，或者从大白菜根部套上去，把上口扎好，根朝下竖着放即可。

码堆储存法：刚买回的大白菜，因水分较多，需在 10 ~ 20℃的温度下晾晒3 ~ 5天。大白菜外叶失去水分发蔫时，再撕去黄叶，按菜头向外、菜叶向里的方式堆码。气温下降时，可用草席、麻袋等覆盖，以防大白菜受冻。码好之后，要勤翻勤倒，拣出腐烂的菜叶，天热时多翻动，气温下降后可延长翻动间隔时间。

美味菜谱

白菜冬瓜汤

• 烹饪时间：7分钟　• 功效：清热解毒

原料　大白菜180克，冬瓜200克，枸杞8克，姜片、葱花各少许

调料　盐、鸡粉、食用油各适量

做法　1.将洗净去皮的冬瓜切成片，洗好的大白菜切成小块。2.用油起锅，放入姜片爆香，倒入冬瓜片、大白菜炒匀，倒入适量清水、枸杞，盖上盖，烧开后用小火煮5分钟。3.揭盖，加入适量盐、鸡粉搅匀调味，装入碗中，撒上葱花即成。

生菜

热　量： 15千卡/100克

盛产期： 1 2 3 4 5 6 7 8 9 10 11 12（月份）

生菜简介： 生菜是大众化的蔬菜，深受人们喜爱。传入我国的历史较悠久，东南沿海，特别是大城市近郊、两广地区栽培较多。

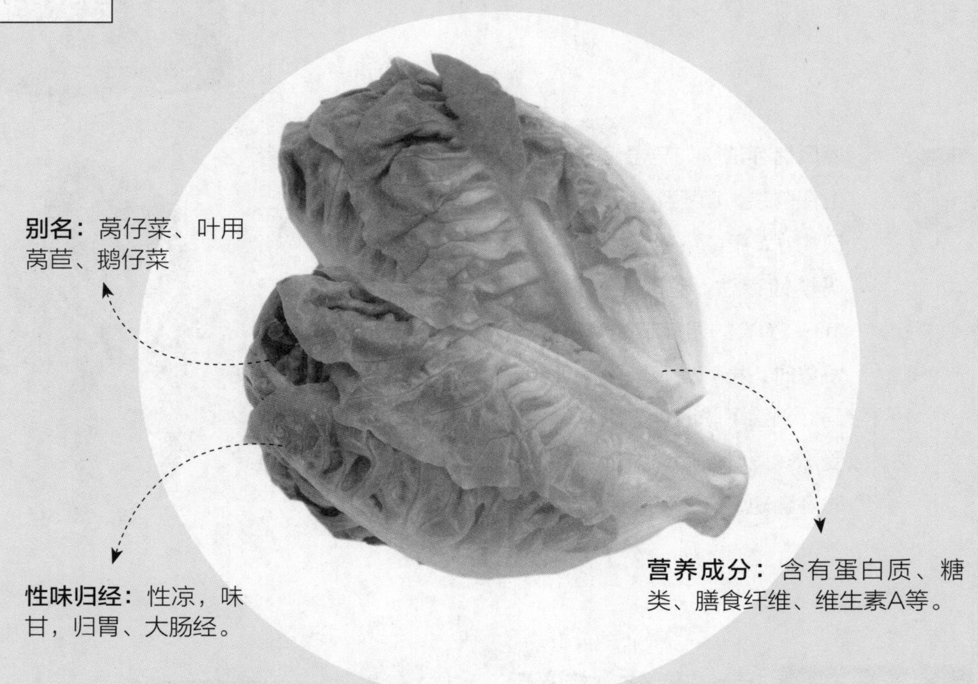

别名： 莴仔菜、叶用莴苣、鹅仔菜

性味归经： 性凉，味甘，归胃、大肠经。

营养成分： 含有蛋白质、糖类、膳食纤维、维生素A等。

买散叶生菜时，要选择大小适中、叶片肥厚适中的，根部、中间有突起的薹说明生菜老了。此外，应挑选松软叶绿、叶质鲜嫩、叶绿梗白且无蔫叶的生菜为最佳。如果生菜沉重而结实，则表示生长期过长，这样的生菜质地粗糙，吃起来还有苦味，千万注意。

1. 生菜中含有膳食纤维和维生素 C，有消除多余脂肪的作用。
2. 茎叶中含有莴苣素，具有镇痛催眠、降低胆固醇、辅助治疗神经衰弱等功效。
3. 生菜中含有甘露醇等有效成分，有利尿和促进血液循环的作用。

安全处理

食盐水清洗：将生菜放进盆里，注入清水，使生菜完全没入水中，加入 1 勺食盐，略微搅拌，让生菜在淡盐水中浸泡约 20 分钟，抓洗一下，换水，切除根部，冲洗干净，沥干水即可。

淘米水清洗：将生菜放进洗菜盆里，倒入清水，使生菜完全没入，浸泡 10 ~ 15 分钟，用手抓洗一会儿，然后将水倒掉，将淘米水倒入洗菜盆里，浸泡 10 分钟，倒掉淘米水，将生菜放进菜篓里，用干净水冲洗，捞出，沥水即可。

面粉水清洗：将生菜放进洗菜盆里，注入清水，加入适量面粉，用手搅匀，浸泡 10 分钟左右，将生菜捞起来，冲洗两三遍，沥干水即可。

正确保存

冰箱冷藏法：生菜如果在常温状态下存放，不能储存很久。为了更好储存，可用保鲜膜包裹住洗干净并控干水分的生菜，切口向下，放在冰箱中冷藏即可。

美味菜谱

香菇扒生菜

• 烹饪时间：4分钟　　• 功效：帮助消化

原料　生菜400克，香菇70克，彩椒50克

调料　盐3克，鸡粉2克，蚝油6克，老抽2毫升，生抽4毫升，水淀粉、食用油各适量

做法　1.洗净的生菜切开，洗好的香菇切块，洗净的彩椒切丝；锅注水烧开，加油，放生菜煮约1分钟，捞出。2.用油起锅，倒入清水、香菇、盐、鸡粉、蚝油、生抽、老抽、水淀粉，翻炒至香菇熟软。3.取一盘子，放入生菜，盛出锅中的食材，撒上彩椒丝，摆好盘即成。

圆白菜

热　量： 17千卡/100克

盛产期： 1 2 3 4 5 6 7 8 9 10 11 12（月份）

圆白菜简介： 圆白菜来自欧洲地中海地区，学名是“结球甘蓝”。它在西方是最为重要的蔬菜之一。它和大白菜一样产量高、耐储藏，是四季的佳蔬。

别名： 包菜、卷心菜、洋白菜、高丽菜、结球甘蓝

性味归经： 性平，味甘，归脾、胃经。

营养成分： 含有丰富的水分、叶酸、钾、维生素C、维生素E、β-胡萝卜素等成分。

购买圆白菜时，最好选择接近圆形的卷心菜，发育较好，结球较紧实。还要挑选叶球鲜嫩，有光泽，均匀，不破裂，不抽薹，没有机械损伤，球面干净，没有病虫害，没有枯烂叶的。

1. 圆白菜富含维生素C、维生素E和胡萝卜素等，具有抗氧化作用及抗衰老作用。
2. 富含维生素U，维生素U对溃疡有很好的治疗作用，能加速愈合，还能预防胃溃疡恶变。
3. 圆白菜含有丰富的萝卜硫素，能形成一层对抗外来致癌物侵蚀的保护膜，能够很好地防癌抗癌。

安全处理

食盐水清洗：在清水中加盐，做成淡盐水，将圆白菜切开，放进盐水中浸泡 15 分钟，再把圆白菜冲洗干净，捞起沥干水分即可。

碱水清洗：在清水里加适量的碱，搅匀，将圆白菜切开，放进碱水中浸泡 15 分钟，再把圆白菜冲洗几遍，沥干水分即可。

正确保存

冰箱冷藏法：如果在超市购买半棵或 1/4 棵圆白菜，回家后可将保鲜膜拆开风干一下，再用保鲜膜包起，放在冰箱中可保存半个月左右。

用纸贮心法：圆白菜的心容易腐烂，整棵购买时，可以将心挖除，把打湿的厨房用纸塞入其中，再用保鲜膜包起来，放入冰箱冷藏室即可保存一个星期左右。

美味菜谱

过瘾圆白菜

• 烹饪时间：10分钟　　• 功效：帮助消化

原料　圆白菜500克

调料　椰子油5毫升，简易橙醋酱油30毫升

做法　1.将洗净的圆白菜切去梗，切成大块，摆放在备好的盘中。2.电蒸锅注水烧开，放上圆白菜，往圆白菜上淋上椰子油，加盖，蒸8分钟。3.揭盖，取出圆白菜，浇上简易橙醋酱油即可。

简易橙醋酱油：5 毫升生抽、白醋、椰子油、蜂蜜拌匀，放入冰箱冷藏，1 天即成。

芥蓝

热　量： 19千卡/100克

盛产期： 1 2 3 4 5 6 7 8 9 10 11 12（月份）

芥蓝简介： 芥蓝又名白花芥蓝，为十字花科芸薹属甘蓝类两年生草本植物，原产我国南方，栽培历史悠久。

别名： 卷叶菜、甘蓝菜、盖蓝菜、格蓝菜

性味归经： 性凉，味甘、辛，归肺经。

营养成分： 含丰富的维生素A、维生素C、钙、蛋白质、脂肪和植物糖类，以及大量的膳食纤维。

食材选购

选择芥蓝时最好选秆身适中的，过粗即太老，过细则可能太嫩。此外，还应该挑选节间较疏，薹叶细嫩浓绿，无黄叶的。

营养功效

1. 芥蓝中含有丰富的硫代葡萄糖苷，降解产物叫萝卜硫素，是迄今为止所发现的蔬菜中最强有力的抗癌成分。
2. 芥蓝中含有有机碱，这使它带有一定的苦味，能刺激人的味觉神经，可加快胃肠蠕动，有助消化。
3. 芥蓝中另一种独特的苦味成分，能抑制过度兴奋的体温中枢，起到消暑解热作用。

安全处理

碱水清洗： 芥蓝可用碱水浸泡之后清洗。将 1 小勺食用碱放入水中溶解，再将芥蓝放入其中浸泡 10 分钟左右，最后用清水冲洗两三遍即可烹饪。

日光消毒： 将买回的芥蓝在阳光下照射 5 分钟，可减少农药的残留量。

淘米水清洗： 有机磷农药遇酸性物质会失去毒性，淘米水属于酸性。把芥蓝放入淘米水中浸泡 10 分钟左右，用清水洗干净即可。

正确保存

冰箱冷藏法： 芥蓝不易腐坏，以纸张包裹后放在冰箱可保存约两周。

碎冰保存法： 可以将芥蓝用保鲜袋装好，然后另外用一个袋子装些碎冰，再另外用大袋装在一起，放进冰箱储存。

美味菜谱

蒜蓉炒芥蓝

• 烹饪时间：3分钟　　• 功效：清热解毒

原料　芥蓝150克，蒜末少许

调料　盐3克，鸡粉少许，水淀粉、芝麻油、食用油各适量

做法　1.洗净的芥蓝切除根部。2.锅中注入适量清水烧开，加入少许盐、食用油，倒入切好的芥蓝搅散，焯煮约1分钟，捞出，沥干水分，待用。3.用油起锅，撒上蒜末爆香，倒入芥蓝炒匀，注入少许清水，加入少许盐，撒上鸡粉，炒匀调味，用水淀粉勾芡，滴上芝麻油炒透即可。

菠菜

热　量：24千卡/100克

盛产期：①②③④⑤⑥⑦⑧⑨⑩⑪⑫（月份）

菠菜简介：唐初从波斯经尼泊尔传到中国来的，曾被清朝乾隆皇帝赞颂为“红嘴绿鹦哥”，是绿叶蔬菜中的佼佼者。

鲜嫩的菠菜表现为茎叶不老、无抽薹开花等现象。选购叶片厚度较大的菠菜，用手托住根部能够伸张开来的菠菜较好。此外，菠菜有“红嘴绿鹦哥”的叫法，所以根越红越好。选购菠菜时，看其叶片是否色泽浓绿。

1. 菠菜含有大量的植物粗纤维，可帮助消化。
2. 菠菜中所含的胡萝卜素，在人体内会转变成维生素A，能维护视力正常和上皮细胞的健康，提高机体预防传染病的能力，促进儿童的生长发育。
3. 含有丰富的铁元素，对缺铁性贫血有较好的辅助治疗作用。

安全处理

食盐水清洗：把菠菜根切下来，将菠菜叶放进洗菜盆里，倒入清水，加入适量的食盐，使菠菜叶完全没入盐水中，浸泡10分钟左右；把菠菜根放进大碗里，倒入清水，加入少许食盐浸泡约5分钟，将根须剪掉，把水倒掉，加入清水，搓洗菠菜根；将泡好的菠菜叶捞出，冲洗干净，沥干水即可。

面粉水清洗：菠菜置于盆中，用流动水先冲洗，在水中倒入适量面粉，用手搅拌均匀，使面粉溶于水中，不断搅动，将菠菜叶上的脏物洗掉，捞出，将根部的泥土去除，最后用清水冲洗干净即可。

焯烫清洗：菠菜放在盆中，在流水下稍加冲洗；锅中注入清水，烧开，将菠菜放入沸水锅中，边加热菠菜，边用大勺不断搅动，尽量使其完全浸入热水中，用漏勺将菠菜从锅中捞起，沥干水分即可。

正确保存

冰箱冷藏法：用保鲜膜包好放在冰箱里，一般在两天之内食用可以保证菠菜的新鲜。

美味菜谱

胡萝卜炒菠菜

• 烹饪时间：2分钟　• 功效：降低血压

原料　菠菜180克，胡萝卜90克，蒜末少许

调料　盐、鸡粉、食用油各适量

做法　1.将洗净去皮的胡萝卜切成细丝；洗好的菠菜去根，再切成段。2.锅中注水烧开，放入胡萝卜丝，撒上少许盐搅匀，煮约半分钟，捞出。3.用油起锅，放入蒜末，爆香，倒入切好的菠菜，快速炒匀，至其变软，放入焯煮过的胡萝卜丝，翻炒匀，加入盐、鸡粉，炒匀调味即成。

韭菜

热　量： 29千卡/100克

盛产期： ①②③④⑤⑥⑦⑧⑨⑩⑪⑫（月份）

韭菜简介： 韭菜属百合科植物韭的叶，多年生宿根蔬菜，以种子和叶等入药。原产东亚，我国栽培历史悠久，分布广泛。

别名： 壮阳草、赶阳草、起阳草、长生草

性味归经： 性温，味甘、辛，归肝、肾经。

营养成分： 含有丰富的水分，铁、钾、维生素A、维生素C、粗纤维等成分。

查看一下韭菜根部的割口是否整齐，如果整齐，则是新鲜的韭菜；如果中间长出芯来，则不新鲜，大多是放的时间有些长了的。此外，叶鲜嫩翠绿，末端黄叶比较少，叶子颜色呈浅绿色的韭菜比较新鲜。

1. 韭菜含有大量维生素和粗纤维，能促进胃肠蠕动，辅助治疗便秘，预防肠癌。
2. 韭菜的辛辣气味有散瘀活血、行气导滞的作用，适用于跌打损伤、反胃、肠炎、吐血、胸痛等症的食疗。
3. 韭菜含有挥发性精油及硫化物等特殊成分，散发出一种独特的辛香气味，有助于疏调肝气，增进食欲。

安全处理

食盐水清洗：先剪掉有很多泥沙的根部，挑除枯黄腐烂的叶子，放入盐水中浸泡一会儿，再用清水清洗干净即可。

淘米水清洗：用淘米水浸泡 10 多分钟，轻搓根部，再立在水中做捣蒜状，让根部的杂物被水冲出，然后用清水漂两遍即可。

毛刷清洗法：一缕缕地从根部理齐整，之后摘掉黄叶、烂叶，用手将韭菜从中间掐住，留一点空隙，用洗菜的刷子沿着韭菜叶的方向刷洗，将根上的老皮清洗干净，然后将韭菜以根部为基准理整齐，用刀把贴着挨过泥土的部分切掉即可。

正确保存

通风储存法：用菜刀将大白菜的根部切道口子，掏出菜心。将韭菜择好，不洗，放入大白菜内部，包住，捆好，放在阴凉处，不要沾水，能保存两周之久。

净水保存法：用陶瓷盆盛适量清水，将韭菜用绳捆好，根朝下，泡在水盆中，也可保持韭菜几天不烂不干。

美味菜谱

韭菜炒鸡蛋

• 烹饪时间：2分钟　• 功效：开胃消食

原料　韭菜120克，鸡蛋2个

调料　盐2克，鸡粉1克，味精、食用油各适量

做法　1.将洗净的韭菜切成约3厘米的段；鸡蛋打入碗中，加入少许盐、鸡粉，用筷子朝一个方向搅散。2.炒锅热油，倒入蛋液，小火煎至鸡蛋成型后，用锅铲轻轻搅散，盛出。3.另起锅，注油烧热，倒入韭菜翻炒半分钟，加入盐、鸡粉、味精炒匀至韭菜熟透，倒入炒好的鸡蛋炒匀即成。

香菜

热　量：31千卡/100克

盛产期：①②③④⑤⑥⑦⑧⑨⑩⑪⑫（月份）

香菜简介：香菜原产地中海沿岸，我国各地均有分布和食用，以华北最多，四季均有出产。它的嫩茎和鲜叶有种特殊的香味，常被用作菜肴的点缀、提味之品，是人们喜欢食用的蔬菜之一。

别名：胡荽、芫荽、胡菜、香荽、天星、园荽

性味归经：性温，味辛，归肺、脾经。

营养成分：水分含量很高，可达90%，蛋白质、糖类、维生素以及钙、磷、铁等矿物质含量也很高。

全株肥大，干而未沾水的，带根者，根部饱满，无虫蛀、腐烂现象，浅褐色带有泥巴的香菜较好。叶子呈嫩绿色的香菜口感鲜嫩，深绿色的香菜香味较浓。分杈 4 ~ 7 个左右的，茎部细长的香菜口感较好，香味浓郁。

1. 寒性体质的人适当吃点香菜可以缓解胃部冷痛、消化不良、麻疹不透等症状。
2. 身体壮实、体质较好、偶尔感冒的人却可以用它来防治感冒。
3. 脾胃虚寒的人适度吃点香菜也可起到温胃散寒、助消化、缓解胃痛的作用，可加橘皮、生姜，做成粥来喝。

安全处理

淘米水清洗：香菜放在水龙头下，把泥沙冲洗掉、老叶摘除，往洗菜盆里加水，再加入适量的淘米水，将香菜放进淘米水中，浸泡15分钟左右，一根一根地清洗干净，放在水龙头下冲洗两三遍，沥干水即可。

碱水清洗：在洗菜盆里加入清水，加入适量的食用碱，搅匀，将简单清洗过的香菜放进碱水中，浸泡10分钟左右，抓洗一下，放在水龙头下一根一根地冲洗干净，沥干水即可。

浸泡清洗：将香菜放在砧板上，用菜刀切去根部，放进洗菜盆里，加入大量清水，使香菜完全没入水中，浸泡10分钟，用手抓洗后，将水倒掉，倒入清水，清洗两三遍，沥干即可。

正确保存

冰箱冷冻法：香菜洗净挂在衣架上，晾至没有水滴，切成1厘米长段，装入保鲜袋，放入冷冻室即可。

容器储存法：将其根部浸入热盐水中，半分钟后全部浸入，10秒钟后捞出，挂在阴凉、通风处阴干，然后切成1厘米长的小段，装入带盖的玻璃罐或瓷罐可保存3个月。

美味菜谱

香菜豆腐干

• 烹饪时间：2分钟　• 功效：保护视力

原料　香干300克，香菜60克，朝天椒20克

调料　苏籽油5毫升，大豆油5毫升，盐2克，鸡粉1克，白糖2克，生抽、陈醋各5毫升

做法　1.洗好的香干切片，洗净的香菜切段，洗好的朝天椒切圈。2.沸水锅中加入盐，倒入切好的香干，氽煮一会儿至断生，捞出氽好的香干。3.取盘，倒入氽好的香干，倒入朝天椒、香菜，加入盐、鸡粉、生抽、陈醋、白糖、苏籽油、大豆油拌匀即可。

葱

热　量：23千卡/100克

盛产期：①②③④⑤⑥⑦⑧⑨⑩⑪⑫（月份）

葱简介：葱是日常厨房里的必备之物。北方居民以大葱为主，它不仅可作调味之品，而且能防治疫病，可谓佳蔬良药。

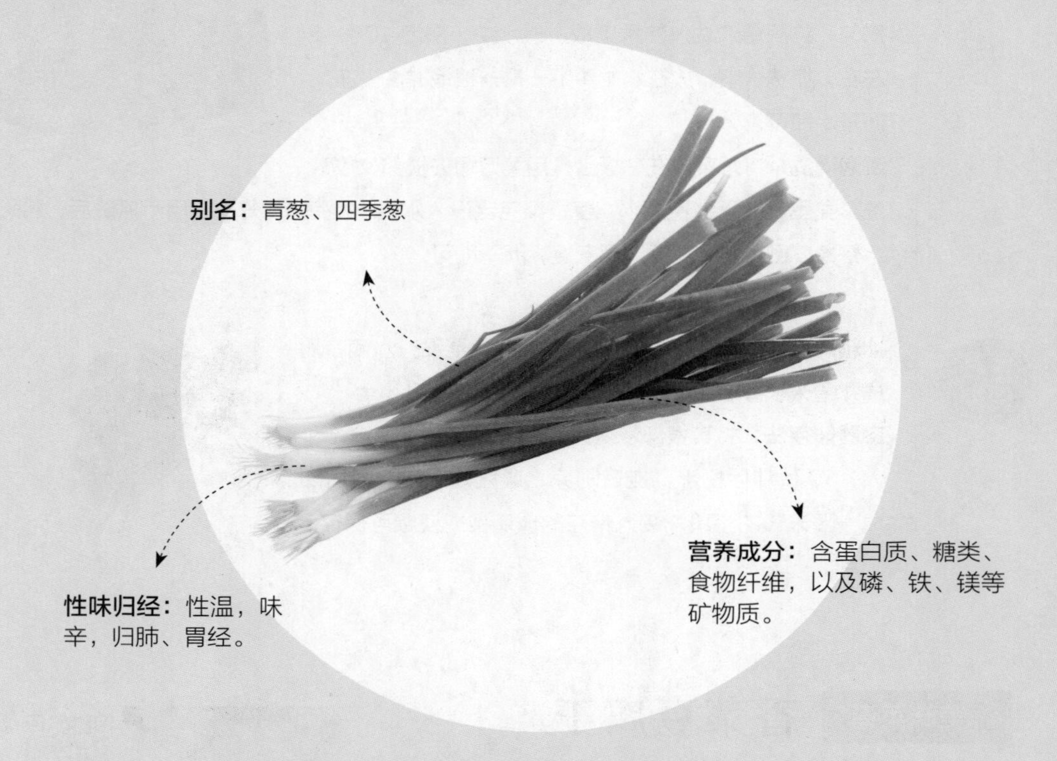

食材选购

选葱白粗细匀称、硬实无伤的大葱，不要选过于粗壮或纤细的大葱，比大拇指稍微粗些正好。质量好的葱新鲜青绿，无枯烂叶，故选葱以叶的颜色青绿的为好。

营养功效

1. 生葱含烯丙基硫醚，会刺激胃液的分泌，且有助于增进食欲。
2. 葱叶部分要比葱白部分含有更多的维生素 A、维生素 C 及钙，有舒张小血管、促进血液循环的作用。
3. 葱含有微量元素硒，可降低胃液内的亚硝酸盐含量，对预防胃癌及多种癌症有一定的作用。

安全处理

食盐水清洗：先将葱剥去最外层，放在水中，加少许食盐，搅拌均匀，浸泡 15 分钟，捞起，用清水冲洗几遍即可。

淘米水清洗：葱放在盆中，先用流水冲洗，盆中注满水后，将脏物清洗干净、根部摘除，放在流动水下，搓洗尾部，摘去老叶，再将葱浸泡在淘米水中10～15分钟，用流动水冲洗几遍，沥干水即可。

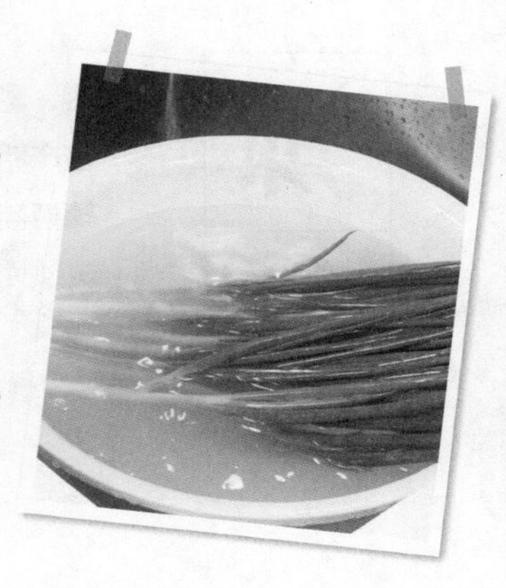

正确保存

冰箱储存法：葱买多了不容易保存，气温过高容易腐烂，风吹久了易干。不妨将它切开成段或切碎，放在或大或小的保鲜盒里，盒子里再铺一张纸巾，放入冰箱保鲜室，随吃随取，既方便又保鲜。

净水储存法：新买回来的葱用小绳捆起来，根朝下放在水盆里，就会长时间不干、不烂。

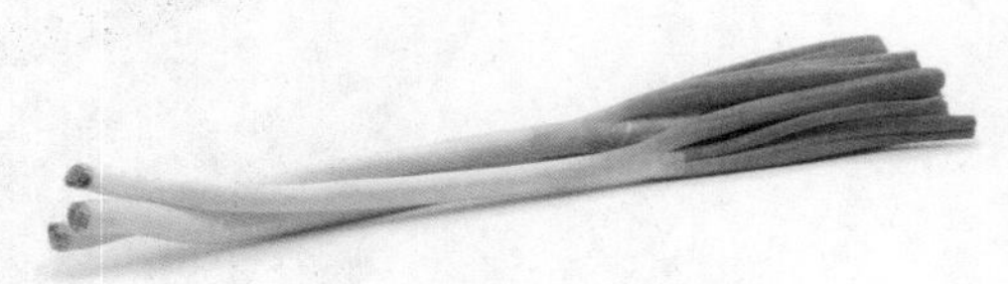

美味菜谱

香葱拌豆腐

• 烹饪时间：5分钟　• 功效：开胃

原料　豆腐300克，小葱30克

调料　盐2克，鸡粉3克，芝麻油4毫升

做法　1.豆腐切块，小葱切粒。2.将豆腐倒入碗中，注入适量热水，搅拌片刻，倒出，滤净水分，装入碗中。3.倒入葱花，加入盐、鸡粉、芝麻油搅拌均匀即可。

豆腐烫一下可去除部分豆腥味。

辣椒

热　量： 32千卡/100克

盛产期： 1 2 3 4 5 6 7 8 9 10 11 12（月份）

辣椒简介： 辣椒的果实通常呈圆锥形或长圆形，未成熟时呈绿色，成熟后变成鲜红色、黄色或紫色，以红色最为常见。

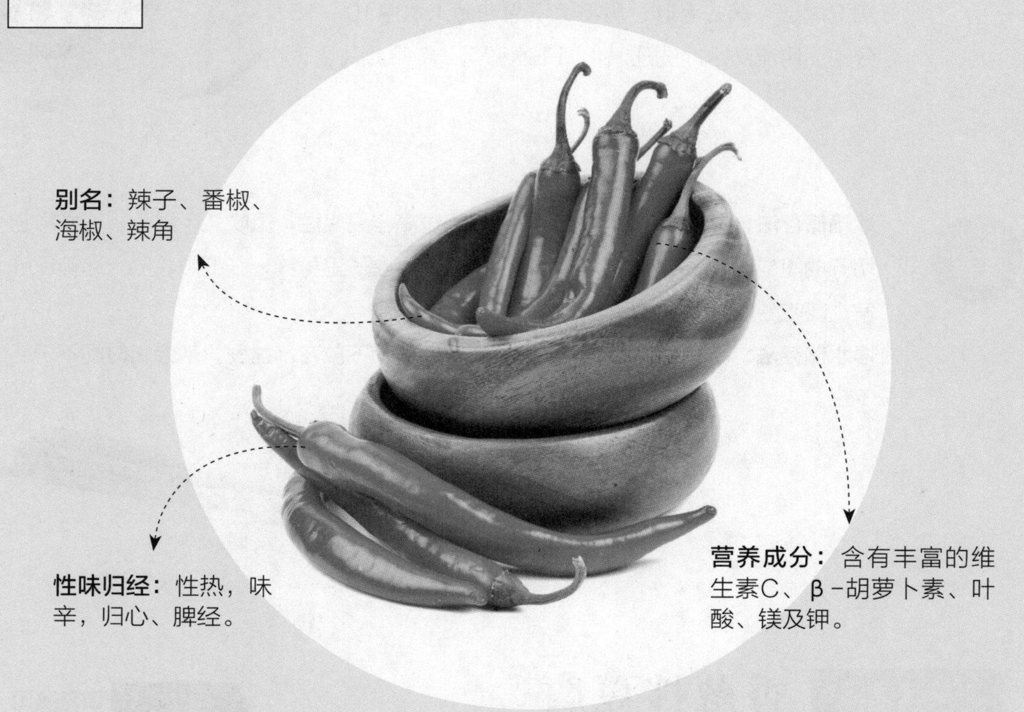

别名： 辣子、番椒、海椒、辣角

性味归经： 性热，味辛，归心、脾经。

营养成分： 含有丰富的维生素C、β-胡萝卜素、叶酸、镁及钾。

作为鲜食的辣椒，应以大小均匀且脆嫩新鲜为上品。要挑没有干枯、腐烂、虫害者。此外，好的辣椒外表鲜艳有光泽，颜色纯粹。用手掂一掂、捏一捏，分量沉而且不软的辣椒都是新鲜的、好的辣椒。

1. 辣椒对口腔及胃肠有刺激作用，能加快肠胃蠕动，促进消化液分泌，改善食欲。
2. 青椒含有丰富的维生素，尤其是维生素C，可使体内多余的胆固醇转变为胆汁酸，从而预防胆结石的发生。
3. 辣椒中含有辣椒素，有降血糖的作用。

安全处理

食盐水清洗：将辣椒放入加了适量食盐的清水中，浸泡5分钟，将辣椒的果蒂去掉，将凹陷处冲洗一下，最后再用清水冲洗干净即可。

淀粉清洗法：将辣椒放入盆中，加入适量的淀粉、清水，上下搓洗辣椒，搓洗后浸泡约10分钟，最后用清水冲洗干净即可。

果蔬清洁剂清洗：将辣椒浸泡在清水中15分钟左右。另取一加了水的盆子，滴入少许果蔬清洗剂，放入辣椒，摘去果蒂，仔细搓洗，捞出，用流水冲洗一下即可。

正确保存

通风储存法：取一只竹筐，筐底及四周用牛皮纸垫好，将辣椒放满后包严实，放在气温较低的屋子或阴凉通风处，隔10天翻动一次，可保鲜2个月。

冰箱冷藏法：把蜡油滴在辣椒蒂的横切面上，放入保鲜袋，存放在冰箱里，可保存3周以上。

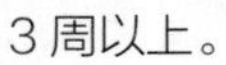

美味菜谱

辣椒炒鸡丁

• 烹饪时间：6分钟　• 功效：增强免疫力

原料　鸡肉130克，红椒60克，青椒65克，姜片、葱段、蒜末各少许

调料　盐2克，鸡粉2克，白糖2克，生抽、料酒、水淀粉、辣椒油、食用油各适量

做法　1.鸡肉切丁，加入盐、鸡粉、料酒、水淀粉，腌渍10分钟；红椒、青椒切块。2.锅注油烧热，倒入鸡肉丁炒变色，放入葱段、姜片、蒜末、青椒、红椒拌匀。3.淋上料酒、生抽、水、盐、鸡粉、白糖、水淀粉、辣椒油拌匀即可。

南瓜

热　量： 22千卡/100克

盛产期： 1 2 3 4 5 6 7 8 9 10 11 12（月份）

南瓜简介： 南瓜原产于北美洲，在多个国家和地区均有种植。嫩果味甘适口，是夏秋季节的瓜菜之一。

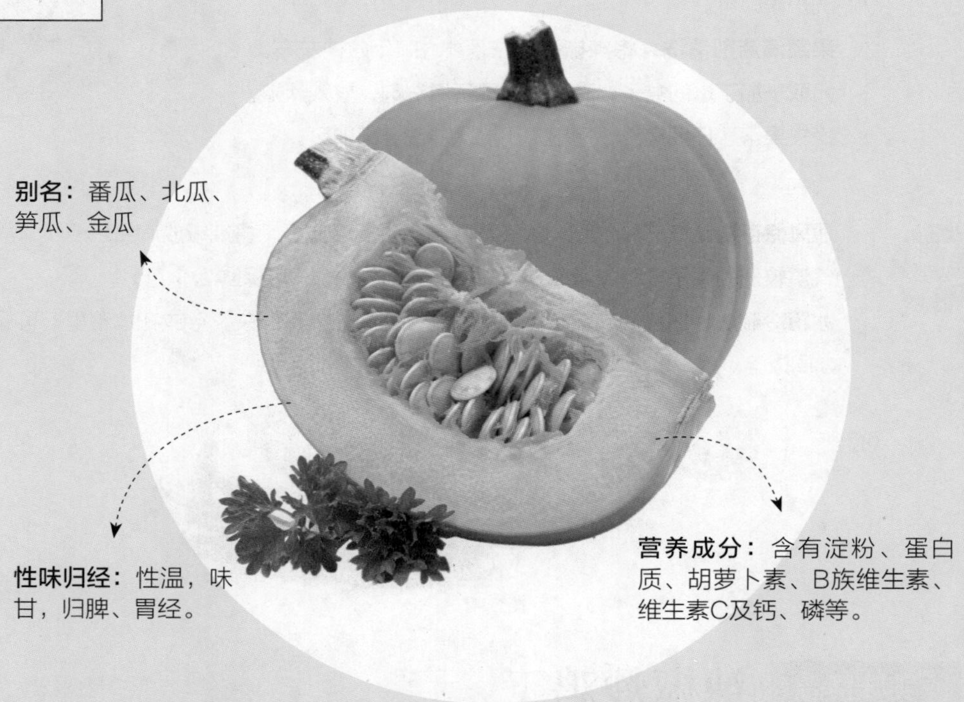

别名： 番瓜、北瓜、笋瓜、金瓜

性味归经： 性温，味甘，归脾、胃经。

营养成分： 含有淀粉、蛋白质、胡萝卜素、B族维生素、维生素C及钙、磷等。

选南瓜时，无论是日本小南瓜或本地南瓜，如表面略有白霜，这样的南瓜又面又甜。外形完整，梗部新鲜坚硬者为好。选购时，同样大小体积的南瓜，要挑选较为重实的为佳。

1. 南瓜含有丰富的胡萝卜素和维生素C，可以健脾、预防胃炎，防治夜盲症，护肝，使皮肤变得细嫩，并有中和致癌物质的作用。

2. 南瓜分泌的胆汁可以促进肠胃蠕动，帮助消化。

3. 南瓜中含有丰富的微量元素锌，锌为人体生长发育的重要物质，还可以促进造血。

去皮清洗：将整个南瓜去蒂、去皮，一分为二，用小勺挖去瓜瓤，最后放在盆中用清水冲洗干净，沥干水即可。

毛刷清洗：将整个南瓜泡入水中，用毛刷刷去表面泥土，再用清水冲洗干净，沥干水分，切成块，去掉瓜瓤即可。

正确保存

食盐保存法：如果在切开的南瓜的切口边上涂上盐，保存效果更佳，南瓜不仅一个星期不会烂，而且水分也不会干。食用的时候，切下边上薄薄一层，就会看到里面的南瓜新鲜如初。

白酒保存法：用低度数白酒擦一遍瓜皮，可以杀死表皮细菌，更加不易腐烂。

冰箱冷藏法：南瓜切开后再保存，容易从瓜瓤处变质，所以最好用汤匙把内部掏空，再用保鲜膜包好，这样放入冰箱冷藏，可以存放 5 ～ 6 天。

美味菜谱

椒香南瓜

• 烹饪时间：22分钟　　• 功效：开胃消食

原料　南瓜350克，红椒15克，蒜末、姜末各适量，葱丝少许，高汤600毫升

调料　盐、鸡粉各2克，水淀粉、芝麻油各适量

做法　1.南瓜去瓤、皮，切片；红椒切粒；取一碗，加入盐、鸡粉、高汤、红椒粒、姜末、蒜末拌匀成味汁。2.取一个蒸盘，放入南瓜片，摆放整齐，倒入味汁，用中火蒸20分钟。3.炒锅倒入余下的高汤烧热，加入味汁、水淀粉、芝麻油拌匀成芡汁，浇在菜肴上，撒上葱丝即可。

苦瓜

热　量：19千卡/100克

盛产期：①②③④⑤⑥⑦⑧⑨⑩⑪⑫（月份）

苦瓜简介：苦瓜原产于东印度热带地区，我国早有栽培，在广东、广西、福建、台湾、湖南、四川等省栽培较普遍。

别名：凉瓜、癞瓜、锦荔枝

性味归经：性寒，味苦，归心、肝、脾、肺经。

营养成分：含胰岛素、蛋白质、脂肪、维生素、粗纤维，及钙、磷、铁等多种矿物质。

苦瓜应选择表皮完整、无病虫害、有光泽、头厚尾尖，纹路分布直立、深而均匀的。纹路密的苦瓜苦味浓，纹路宽的苦瓜苦味淡。苦瓜越苦，营养价值越高。绿色和浓绿色品种的苦味最浓。

1.苦瓜具有清热消暑、养血益气、补肾健脾、滋肝明目的功效，对治疗痢疾、疮肿、中暑发热、痱子过多、结膜炎等病有一定的辅助功效。

2. 苦瓜具有预防坏血病、保护细胞膜、防止动脉粥样硬化、保护心脏等作用。

3. 苦瓜中的有效成分可以抑制正常细胞的癌变，促进突变细胞复原，具有一定的抗癌作用。

食盐水清洗：将苦瓜从中间切断，放入洗菜盆里，倒入适量的清水，加入少量的食盐搅匀，浸泡 10~15 分钟，洗净表面，冲洗净即可。

果蔬清洁剂清洗：将苦瓜放在盆中，注入清水浸泡，加入适量的果蔬清洁剂，搅动溶解，浸泡 10 分钟左右，用清洁布擦洗干净，置于流水下冲洗干净即可。

毛刷清洗：苦瓜先放入清水中，沿着瘤纹方向，用刷子轻轻刷洗苦瓜表面，去除脏物，最后用流动水冲洗干净即可。

正确保存

焯烫储存法：苦瓜切片，焯水去苦味，晾凉，用保鲜膜包住放冷藏室。

包裹储存法：以纸类或保鲜膜包裹储存，除可减少瓜果表面水分散失，还可保护柔嫩的瓜果，避免擦伤损坏瓜的品质。

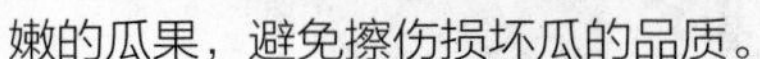

美味菜谱 燕麦苦瓜酿

• 烹饪时间：25分钟　• 功效：开胃消食

原料　燕麦片30克，苦瓜160克，猪肉馅30克，香菇、水发虾米、水发干贝各适量

调料　水淀粉适量，豆瓣酱适量

做法　1.苦瓜切长段，去掉籽，制成苦瓜盅；香菇切成末；水发干贝、虾米切碎。2.碗中倒入肉馅、香菇末、燕麦片、干贝、虾米、豆瓣酱，注入适量清水，拌匀至黏稠，填入苦瓜盅里，蒸8分钟。3.将苦瓜盅蒸出的汤汁倒入锅中，煮至沸腾，加入水淀粉勾芡，浇在苦瓜上即可。

丝瓜

热　量： 20千卡/100克

盛产期： ①②③④⑤⑥⑦⑧⑨⑩⑪⑫（月份）

丝瓜简介： 丝瓜原产于南洋，明代引种到我国，成为人们常吃的蔬菜之一。

别名： 天丝瓜、布瓜、天罗、蜜瓜

性味归经： 性凉，味甘，归肝、胃经。

营养成分： 丝瓜中B族维生素和维生素C含量较高，还含有葫芦素、脂肪、蛋白质等。

不要选择瓜形不周正、有突起的丝瓜。应以身长柔软，头小尾大，瓜身硬挺者为上。弯曲者必是过于成熟，质地变粗硬的食味不佳。好的丝瓜表皮应为嫩绿色或淡绿色，若皮色枯黄，则该瓜过熟而不宜食用。摸摸丝瓜的外皮，挑外皮细嫩些的，不要太粗，手指稍微用力捏一捏，感觉到硬硬的，就千万不要买。

1.丝瓜中含防止皮肤老化的B族维生素以及增白皮肤的维生素C等成分，能保护皮肤、消除斑块。

2. 丝瓜独有的干扰素诱生剂，可刺激肌体产生干扰素，起到抗病毒的作用。

3.中医认为，丝瓜有清热利肠、凉血解毒、活络通经、解暑热、消烦渴、祛风化痰、下乳汁等功效。

安全处理

淘米水清洗：将丝瓜浸泡在淘米水中 10 分钟左右，用流水冲洗干净之后削皮，再用流水冲洗干净即可。

食盐水清洗：先将丝瓜浸泡在淡盐水中 15 ~ 20 分钟，以去除残留在丝瓜表皮的农药，用流水冲洗之后削去丝瓜皮，之后再用流水冲洗一遍，沥干水分即可。

正确保存

冰箱冷藏法：丝瓜买回家最好能在一两天内吃完，这时最能品尝到丝瓜的新鲜甘甜。如果不能马上食用，可用白纸包好，再套上保鲜袋放冰箱冷藏，可保存一个星期。

容器储存法：丝瓜也能晒干保存，趁嫩的时候切片即可晾晒，之后用罐子密封保存，可保存一个月。

通风储存法：丝瓜不宜久藏，可先切去蒂头，再用纸包起来放到阴凉通风的地方冷藏。切去蒂头可以延缓老化，包纸可以避免水分流失，最好在两三天内吃完。也可以直接用塑料袋装好，袋上留几个小孔，平放在通风口地上，室内有点湿更好，尽量不要层叠，可放半个月。

美味菜谱

丝瓜蛤蜊

• 烹饪时间：3分钟　• 功效：降低血脂

原料　蛤蜊170克，丝瓜90克，彩椒40克，姜片、蒜末、葱段各少许

调料　豆瓣酱15克，盐、鸡粉各2克，生抽2毫升，料酒4毫升，水淀粉、食用油各适量

做法　1.将蛤蜊去除内脏，洗净；去皮的丝瓜切块；洗净的彩椒切块。2.水烧开，放入蛤蜊，煮半分钟，捞出。3.用油起锅，放入姜片、蒜末、葱段爆香，倒入彩椒、丝瓜、蛤蜊、料酒、豆瓣酱炒香，加鸡粉、盐、清水、生抽、水淀粉勾芡即成。

黄瓜

热　量： 15千卡/100克

盛产期： ①②③④⑤⑥⑦⑧⑨⑩⑪⑫（月份）

黄瓜简介： 黄瓜，也称青瓜，属葫芦科植物，广泛分布于中国各地，为主要的温室产品之一。

别名： 青瓜、胡瓜、刺瓜、王瓜

性味归经： 性凉，味甘，归肺、胃、大肠经。

营养成分： 蛋白质、糖类、维生素B_1、维生素C、维生素E、胡萝卜素、烟酸、钙、磷、铁等。

应选择条直、粗细均匀的黄瓜。带刺、挂白霜的黄瓜为新摘的鲜瓜；瓜鲜绿、有纵棱的是嫩瓜；瓜条肚大、尖头、细脖的畸形瓜，是发育不良或存放时间较长而变老所致。挑选新鲜黄瓜时应选择有弹力的、较硬的为最佳。瓜条、瓜把枯萎的，说明采摘后存放时间长了。

1.黄瓜中含有的葫芦素C，具有提高人体免疫功能的作用，经常食用黄瓜可达到抗肿瘤的目的。

2. 黄瓜中含有丰富的维生素 E，可起到延年益寿、抗衰老的作用。

3. 黄瓜中所含的丙醇二酸，可抑制糖类物质转变为脂肪，有利于减肥强体。

安全处理

食盐水清洗：将黄瓜简单冲洗一下，加入少量的食盐，搅拌均匀，浸泡 15 分钟，用清水冲洗干净，沥干水即可。

果蔬清洁剂清洗：将黄瓜放在清水中，倒入果蔬清洗剂，浸泡 15 分钟左右，用手搓洗一下，用清水冲洗几遍，沥干水即可。

正确保存

埋沙储存法：将河滩细沙洗去土，放入锅内炒干消毒，凉至室温后喷水湿润，在容器底部铺两三厘米。码一层黄瓜，铺一层沙，顶部用沙覆盖。将容器放入阴凉室内或窖内，在 7 ~ 8℃的温度下存放 20 ~ 30 天，可保持黄瓜色香味正常。

保鲜袋装藏法：小型塑料食品袋，每袋 1 ~ 1.5 千克，松扎袋口，放入室内阴凉处，夏季可贮藏 4 ~ 7 天，秋冬季室内温度较低可贮藏 8 ~ 15 天。

盐水保鲜法：在水池里放入食盐水，将黄瓜浸泡其中。3 ~ 5 天换一次水，在 18 ~ 25℃的常温下可保存 20 天。

容器储藏法：在水里加些食盐，把黄瓜浸泡在里面，让容器底部喷出许多细小的气泡，增加水中的含氧量，就可维持黄瓜的呼吸，保持黄瓜新鲜。

美味菜谱

咸蛋黄炒黄瓜

• 烹饪时间：8分钟　• 功效：美容养颜

原料　黄瓜160克，彩椒12克，咸蛋黄60克，高汤70毫升

调料　盐、胡椒粉各少许，鸡粉2克，水淀粉、食用油各适量

做法　1.将黄瓜斜刀切段，彩椒切菱形片，咸蛋黄切小块。2.用油起锅，倒入黄瓜、彩椒炒匀，注入适量高汤，放入切好的蛋黄，炒匀，盖盖，用小火焖约5分钟，至食材熟透。3.揭盖，加入盐、鸡粉、胡椒粉炒匀，用水淀粉勾芡即可。

冬瓜

热　量：14千卡/100克

盛产期：1 2 3 4 5 6 7 8 9 10 11 12（月份）

冬瓜简介：叫枕瓜，瓜形状如枕，瓜熟之际，表面上有一层白粉状的东西，就好像冬天所结的白霜，因此生于夏季而名为“冬瓜”。

别名：白瓜、白冬瓜东瓜、枕瓜

性味归经：性微寒，味甘淡，归肺、大小肠、膀胱经。

营养成分：含蛋白质、糖类、胡萝卜素、多种维生素、粗纤维以及钙、磷、铁等矿物质。

冬瓜的外表如炮弹般的长棒形，以瓜条匀称，表皮有一层粉末，不腐烂，无伤斑的为好。冬瓜在夏天食用，一般是切开出售，因此购买时容易分辨出好坏，瓜皮呈深绿色，瓜肉雪白为宜。一般以瓜体重的冬瓜质量较好，瓜身较轻的，可能已变质。

1.冬瓜含维生素C较多，且钾盐含量高，钠盐含量较低，肾脏病、水肿病等患者食之，可达到消肿而不伤正气的作用。

2. 冬瓜中所含的丙醇二酸，能有效地抑制糖类转化为脂肪，加之冬瓜本身不含脂肪，热量不高，对于防止人体发胖具有重要意义，可以使体形健美。

安全处理

烹制冬瓜前要先去皮，洗净，再去瓤。用削皮刀将冬瓜的外皮切去，用手将冬瓜中间的籽掏干净，将处理好的冬瓜冲洗干净即可。

正确保存

包裹储藏法：挑选未充分成熟的冬瓜，分别用麦秆或稻草包裹，然后用绳扎牢，即可保存一段时间。

盐水保存法：将冬瓜去籽去皮后，切成手掌大的块，再把每一块横、竖各切三刀，底部不要切断，用淘米水浸泡 24 小时，再换成冷水加少许盐继续浸泡，这样能储存两三天。

冰箱冷藏法：整个冬瓜可以放在常温下保存；切开后，用保鲜膜包起，放在冰箱的蔬果室内保存，可保存 3 ~ 5 天。

通风储存法：冬瓜切开以后，略等片刻，切面上会出现星星点点的黏液，这时取一张与切面大小相同的干净白纸平贴在上面，再用手抹平贴紧，放在阴凉、干燥的地方，存放 3 ~ 5 天仍新鲜。如果用无毒的干净塑料薄膜贴上，存放时间会更长。

美味菜谱

果味冬瓜

• 烹饪时间：123分钟　　• 功效：美容养颜

原料　冬瓜600克，浓缩橙汁50克

调料　蜂蜜15克

做法　1.将去皮洗净的冬瓜去除瓜瓤，掏取果肉，制成冬瓜丸子，装入盘中待用。2.锅中注入适量清水烧开，倒入冬瓜丸子，搅拌匀，用中火煮约2分钟，至其断生后捞出，用干毛巾吸干冬瓜丸子表面的水分，放入碗中。3.倒入备好的橙汁，淋入少许蜂蜜，快速搅拌匀，静置约两小时，至其入味即成。

西红柿

热　量： 18千卡/100克

盛产期： ①②③④⑤⑥⑦⑧⑨⑩⑪⑫（月份）

西红柿简介： 西红柿外形美观，色泽鲜艳，汁多肉厚，酸甜可口，既是蔬菜，又可作果品食用。

别名： 番茄、洋柿子、狼桃、番李子

性味归经： 性凉，味甘、酸，归肝、胃、肺经。

营养成分： 富含有机碱、番茄碱和维生素A、B族维生素、维生素C，以及钙、镁、钾等矿物质。

食材选购

挑选富有光泽、色彩红艳的西红柿，不要购买着色不匀、花脸的西红柿。有蒂的西红柿较新鲜，蒂部呈绿色的更好；如果蒂部周围是棕色或茶色的，那就可能是裂果或部分已腐坏了的。

营养功效

1. 西红柿中含有丰富的抗氧化剂，可以防止自由基对皮肤的破坏，具有明显的美容抗皱的效果。
2. 西红柿所含苹果酸、柠檬酸等有机酸，能促使胃液分泌，加速消化。
3. 西红柿中的番茄红素具有抑制脂质过氧化的作用，能减少自由基的破坏，抑制视网膜黄斑变性，维护视力。

安全处理

食盐水清洗：在盆中加入清水和食盐，放入西红柿浸泡几分钟，搓洗表面并摘除蒂头，用清水冲洗两三遍即可。

果蔬清洁剂清洗：在洗菜盆里注入清水，并加入少量的果蔬清洁剂，将西红柿放入水中，用手搓洗西红柿表面，再用清水多次冲洗，沥干水分即可。

正确保存

通风储存法：将西红柿放入袋中扎紧口，放在阴凉通风处，每隔一天打开袋子透透气，擦干水珠后再扎紧。

冰箱冷藏法：将西红柿装在保鲜袋中，注意放西红柿时需蒂头朝下分开放置，若将西红柿重叠摆放，重叠的部分容易较快腐烂，之后放入冰箱冷藏室保存，可保存一周左右。

美味菜谱

糖拌西红柿

• 烹饪时间：3分钟　　• 功效：开胃消食

原料　西红柿120克

调料　白糖适量

做法　1.洗净的西红柿对半切开，再切成片。2.将切好的西红柿摆入盘中。3.均匀地撒上白糖即可。

直接在盘中切西红柿可以保留汁水。

茄子

热　量： 24千卡/100克

盛产期： ①②③④⑤⑥⑦⑧⑨⑩⑪⑫（月份）

茄子简介： 茄子是为数不多的紫色蔬菜之一，也是餐桌上十分常见的家常蔬菜。原产印度，我国各地普遍有栽培。

别名： 矮瓜、昆仑瓜、落苏、酪酥

性味归经： 性凉，味甘，归脾、胃、大肠经。

营养成分： 含蛋白质、脂肪、糖类、维生素，以及钙、磷、铁等多种营养成分。特别是维生素P的含量很高。

以深黑紫色为多，具有光泽，蒂头带有硬刺的茄子最新鲜，反之带褐色或有伤口的茄子不宜选购。在茄子的花萼与果实连接的地方，有一条白色略带淡绿色的带状环，这个带状环越大越明显，说明茄子越嫩。

1.茄子含丰富的维生素P，能增强人体细胞间的附着力，增强毛细血管的弹性，降低毛细血管的脆性及渗透性，防止微血管破裂出血，使心血管保持正常的功能。

2.茄子含有龙葵碱，能抑制消化系统肿瘤的增殖，对于防治胃癌有一定的效果。

3.茄子含有维生素E，有防止出血和抗衰老的功能。

安全处理

食盐水清洗： 将茄子放入盛有清水的盆中，加适量的盐，浸泡 10 ~ 15 分钟，用手搓洗一下，去掉蒂，把茄子的皮削掉即可（注意：不可使用碱性清洗剂，否则会使茄子掉色）。

淘米水清洗法： 将茄子放在盛有清水的盆中，加适量的淘米水，浸泡 15 分钟左右，捞出，削去蒂，用清水将茄子冲洗干净，沥干水即可。

正确保存

冰箱冷藏法： 保存时，应用厨房用纸将茄子包好，之后装入保鲜袋中，放在冰箱冷藏室保存即可。

冰箱冷冻法： 若要冷冻茄子，不可直接将生茄子冷冻，否则会缩水。应先将茄子切成薄片煎成微焦状，再急速冷冻；使用冷冻专用袋可以保鲜一个月，用来煮汤、炒青菜等都相当便利。

通风储存法： 用保鲜袋或保鲜膜把茄子包裹好，放入干燥的纸箱中，置于阴凉通风处保存即可。

美味菜谱

红烧茄子

• 烹饪时间：3分钟　• 功效：降低血脂

原料　茄子300克，红椒、青椒、蒜、葱白各少许

调料　盐3克，豆瓣酱10克，海鲜酱20克，鸡粉、老抽、水淀粉、食用油各适量

做法　1.将洗净的茄子去皮，切成6厘米长段，切成条；青椒、红椒去籽，切成圈。2.热油锅，放入茄子炸约2分钟，捞出。3.锅留油，倒入蒜、葱白、红椒、青椒爆香，加豆瓣酱、清水、海鲜酱拌匀。4.倒入茄子、盐、鸡粉、老抽拌匀，煮约1分钟，加入水淀粉拌炒匀即可。

芹菜

热　量：20千卡/100克

盛产期：①②③④⑤⑥⑦⑧⑨⑩⑪⑫（月份）

芹菜简介：芹菜，属伞形科植物，有水芹、旱芹两种。芹菜的果实细小，具有与植株相似的香味，可用作作料，特别用于汤和腌菜较多。

别名：旱芹、药芹、香芹、蒲芹

性味归经：性凉，味甘、苦，归肺、胃、肝经。

营养成分：含蛋白质、甘露醇、植物纤维、丰富的维生素以及铁、锌、钙等矿物质。

优质芹菜应色泽鲜绿或洁白。无论哪种芹菜，颜色浓绿的不宜购买，因为颜色浓绿说明生长期间干旱缺水，生长迟缓，粗纤维多。掐芹菜茎部，容易折断的比较嫩，不易折断的则为老芹菜。

1. 芹菜所含的芹菜素有降压作用。
2. 芹菜含有利尿成分，能消除体内钠的潴留，利尿消肿。
3. 芹菜是高纤维食物，经肠内消化作用会产生一种抗氧化剂——木质素，对肠内细菌产生致癌物质有抑制作用。
4. 芹菜含铁量较高，能补充妇女经血的损失。

安全处理

食盐水清洗： 将去叶的芹菜放在盛有清水的盆中，在水中加适量的食盐，拌匀后浸泡10～15分钟，用软毛刷刷洗芹菜秆，再用流动水冲洗两到三遍，沥干水即可。

白醋清洗： 将摘去叶子的芹菜放在盛有清水的盆中，在水中倒入少量的白醋，搅拌均匀后，浸泡10～15分钟，先用手搓洗片刻，再用清水冲洗干净，沥干水备用。

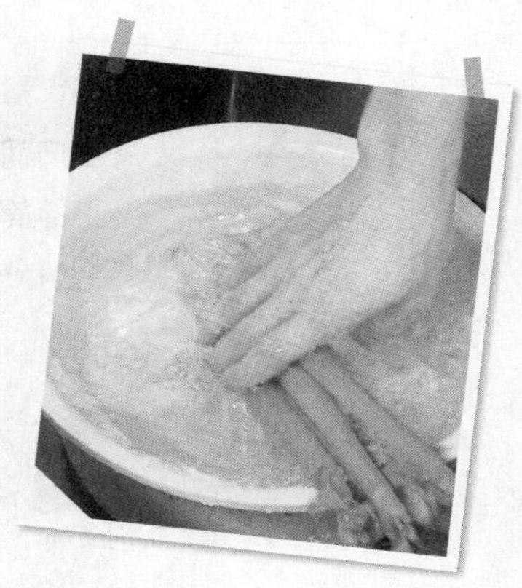

正确保存

冰箱冷藏法： 可以将芹菜叶摘除，用清水洗净后切成大段，整齐地放入饭盒或干净的保鲜袋中，封好盒盖或袋口，放入冰箱冷藏室，随吃随取。

净水储存法： 将新鲜、整齐的芹菜捆好，用保鲜袋或保鲜膜将茎叶部分包严，然后将芹菜根部朝下竖直放入清水盆中，一周内不黄不蔫。

美味菜谱

西芹拌鸭块

• 烹饪时间：5分钟　• 功效：开胃消食

原料　熟鸭肉350克，西芹130克，红椒45克

调料　盐3克，鸡粉3克，芝麻油8毫升，花椒油8毫升

做法　1.洗净的红椒横刀切开，去籽，再斜刀切成块；洗净的西芹对半切开，切菱形块；熟鸭肉切成条，再改切成块。2.锅中注水烧开，倒入西芹，焯烫30秒，捞出西芹，装入碗中。3.在碗中加入熟鸭肉、红椒，倒入盐、鸡粉，淋入适量芝麻油、花椒油搅拌至入味即可。

莴笋

热　量： 14千卡/100克

盛产期： 1 2 3 4 5 6 7 8 9 10 11 12（月份）

莴笋简介： 莴笋原产地中海沿岸，约在七世纪初经西亚传入我国。莴笋分茎用和叶用两种。

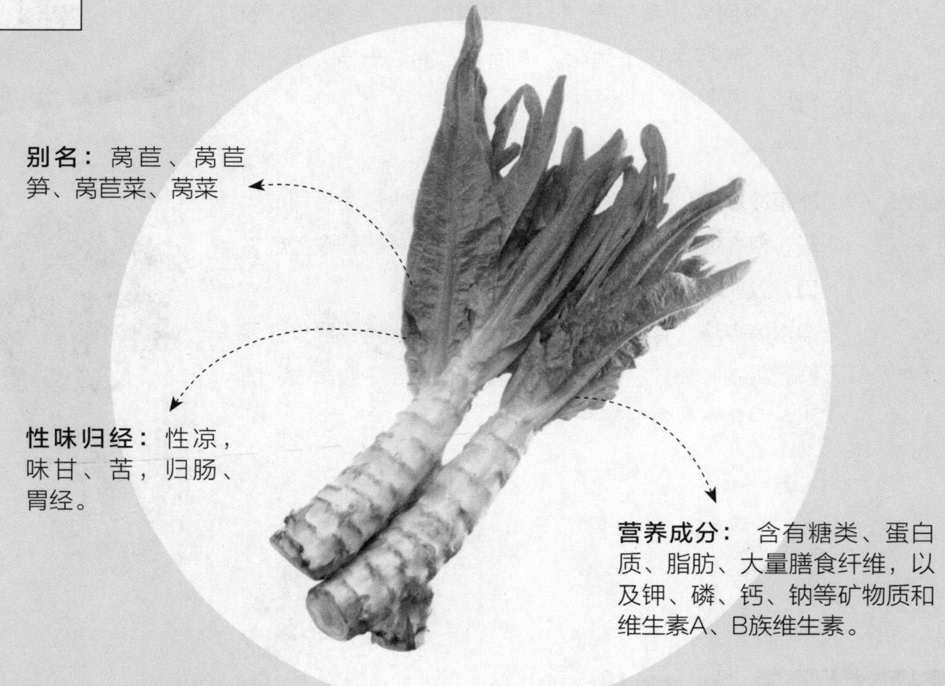

别名： 莴苣、莴苣笋、莴苣菜、莴菜

性味归经： 性凉，味甘、苦，归肠、胃经。

营养成分： 含有糖类、蛋白质、脂肪、大量膳食纤维，以及钾、磷、钙、钠等矿物质和维生素A、B族维生素。

食材选购

以茎粗大，中下部稍粗或呈棒状，外表整齐洁净，基部不带毛根，叶片距离较短的莴笋为最佳。此外，莴笋颜色呈浅绿色，鲜嫩水灵，有些带有浅紫色为最佳。根部切口没有氧化变色的莴笋，说明摘下来时间较短。

营养功效

1. 莴笋中含胰岛素的激活剂——烟酸，糖尿病人常吃莴笋可改善糖的代谢功能。
2. 莴笋中含有一定量的微量元素锌、铁，特别是铁元素，很容易被人体吸收，经常食用新鲜莴笋，可以防治缺铁性贫血。
3. 莴笋有增进食欲、刺激消化液分泌、促进胃肠蠕动等功能。
4. 莴笋含有多种维生素和矿物质，具有调节神经系统功能的作用。

安全处理

食盐水清洗：将莴笋的皮削掉，再切除根部，切成两截，放进淡盐水中，浸泡 10 分钟左右，捞起后用清水冲洗两三遍，沥水备用即可。

淀粉水清洗：将莴笋的表皮和根部去除，再切成两截，放进注有清水的盆中，加两三勺淀粉，搅匀，浸泡 10 ~ 15 分钟，用手抓洗一下，用清水冲洗一遍，沥干即可。

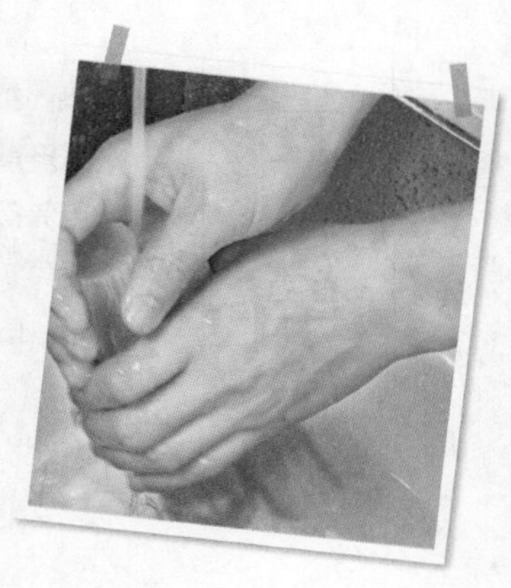

正确保存

通风储存法：新鲜莴笋在阴凉通风处可放两三日。

冰箱冷藏法：直接用保鲜袋装好，放入冰箱冷藏，则可保鲜一周。需要注意的是，莴笋应与苹果、梨子和香蕉分开，以免诱发褐色斑点。

容器储存法：将买来的莴笋放入盛有凉水的器皿内，一次可放几棵，水淹至莴笋主干 1/3 处，放置室内 3 ~ 5 天后叶子仍呈绿色，莴笋主干仍很新鲜，削皮后炒吃仍鲜嫩可口。

美味菜谱

香辣莴笋丝

• 烹饪时间：2分钟　　• 功效：增强免疫力

原料　莴笋340克，红椒35克，蒜末少许

调料　盐2克，鸡粉2克，白糖2克，生抽3毫升，辣椒油、食用油各适量

做法　1.洗净去皮的莴笋切片，改切丝；洗净的红椒切段，切开，去籽，切成丝。2.锅中注水烧开，放入适量盐、食用油、莴笋拌匀，略煮，加入红椒搅拌，煮约1分钟至断生，捞出。3.将莴笋和红椒装入碗中，加入蒜末、盐、鸡粉、白糖、生抽、辣椒油、食用油，拌匀即可。

芦笋

热　量： 75千卡/100克

盛产期： 1 2 3 4 5 6 7 8 9 10 11 12（月份）

芦笋简介： 芦笋为百合科植物石刁柏的嫩茎，是一种高档而名贵的蔬菜，被誉为“世界十大名菜”之一。在国际市场上享有“蔬菜之王”的美称。

别名： 龙须菜、青芦笋、石刁柏

性味归经： 性凉，味苦、甘，归肺经。

营养成分： 含有丰富的蛋白质、维生素、矿物质、天门冬酰胺、多种固体皂苷物质等。

芦笋的形状以直挺、细嫩粗大的为好，笋花苞要繁密，没有长腋芽。在笋尖花苞部分，观看笋尖鳞片，鳞片紧密则质量好。一般白芦笋以整体色泽乳白为最佳，绿芦笋的色泽以油亮为佳。

1. 芦笋中含有丰富的抗癌元素之王——硒，能阻止癌细胞分裂与生长，几乎对所有的癌症都有一定的疗效。

2. 芦笋能清热利尿，易上火、患有高血压的人宜多食。

3. 芦笋含叶酸较多，孕妇食用，有助于胎儿大脑发育。

4. 芦笋中氨基酸含量高而且比例适当，对治疗心血管疾病有很大的作用。

安全处理

食盐水清洗：建议先把芦笋上的泥土冲洗干净，之后将芦笋浸泡在淡盐水中 15 分钟左右，捞出用流水冲洗两三遍即可。如果觉得皮硬，可以把皮削掉。

淘米水清洗：先将芦笋表皮的泥土用流水冲洗干净，之后将芦笋浸泡在淘米水中 10 ~ 15 分钟，捞出之后用流水清洗干净即可。

正确保存

冰箱冷藏法：新鲜芦笋的鲜度很快就会降低，使组织变硬且失去大量营养素，应该趁鲜食用，不宜久藏。如果不能马上食用，以白纸卷包芦笋，置于冰箱冷藏室，可维持两三天。

冰箱冷冻法：还可以先用开水煮 1 分钟，晾干后装入保鲜袋中扎口放入冷冻室中，食用时取出。

焯烫储存法：用约 5%浓度的食盐水烫煮 1 分钟后，捞起置于冷水中，使之冷却，然后放在冰箱，也可维持两三天不致腐坏、老化。

美味菜谱

扇贝肉炒芦笋

• 烹饪时间：3分钟　　• 功效：开胃消食

原料　芦笋95克，红椒40克，扇贝肉145克，红葱头55克，蒜末少许

调料　盐2克，鸡粉1克，胡椒粉2克，料酒10毫升，食用油适量

做法　1.芦笋洗净切段，红椒洗净切小丁，红葱头洗净切片。2.沸水锅中加入盐、食用油，搅匀，倒入芦笋，汆煮至断生，捞出。3.用油起锅，倒入蒜末和红葱头炒香，放入扇贝肉、料酒、芦笋、红椒丁炒匀，加入盐、鸡粉、胡椒粉调味即可。

竹笋

热　量： 19千卡/100克

盛产期： ①②③④⑤⑥⑦⑧⑨⑩⑪⑫（月份）

竹笋简介： 竹笋是竹的幼芽，也称为笋。竹为多年生常绿草本植物，原产中国，类型众多，适应性强，分布极广，食用部分为初生、嫩肥、短壮的芽或鞭。

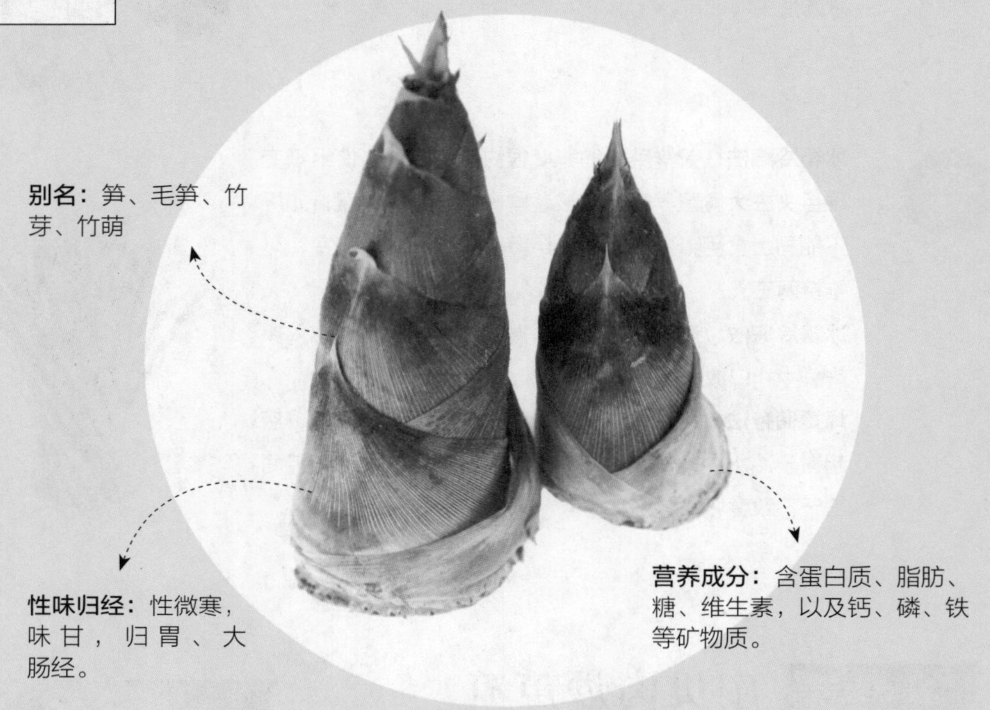

别名： 笋、毛笋、竹芽、竹萌

性味归经： 性微寒，味甘，归胃、大肠经。

营养成分： 含蛋白质、脂肪、糖、维生素，以及钙、磷、铁等矿物质。

竹笋节与节之间的距离要近，距离越近的笋越嫩。好的竹笋外壳色泽鲜黄或淡黄略带粉红，笋壳完整而饱满。笋肉要白，其上的芽眼呈鲜红色，这样的笋品质好，否则又老又苦。

1. 竹笋含有氮物质，构成了竹笋独有的清香，具有开胃、促进消化的作用。
2. 竹笋含有的植物纤维可以促进胃肠蠕动，降低肠内压力，可用于辅助治疗便秘，预防肠癌。
3. 竹笋具有低糖、低脂的特点，富含植物纤维，可减少体内多余脂肪，消痰化瘀，辅助治疗高血压。

削皮清洗：竹笋不宜直接带皮食用，正确的方法是去皮之后用清水冲洗。先将竹笋外皮剥除、硬皮削去，最后用清水冲洗干净，沥干水即可。

焯烫储存法：用开水将竹笋烫至七八分熟，之后再用装满清水的容器装好，放在阴凉通风的地方，每天要换一次水，这样可以保存一周左右不腐坏。

蒸煮保存法：将鲜笋剥除笋壳，下锅煮熟。将煮熟的竹笋摊放于竹篮中，挂通风处可保存 7 ~ 15 天。

通风储存法：竹笋适宜在低温条件下保存，但时间不宜过长，否则质地变老会影响口感，建议在通风处保存一周左右。

冰箱冷藏法：如有多的竹笋，可直接用保鲜袋装好放入冰箱冷藏，可保存四五天。或是买回竹笋后在切面上先涂抹一些盐，再放入冰箱中冷藏。

容器储存法：选取完整无损的竹笋，置于陶坛中，扎紧坛口，减少笋体水分蒸发；笋体呼吸作用排出的二氧化碳能自然降氧，抑制笋体呼吸强度，从而达到保鲜效果。此法可保存 30 ~ 50 天。

美味菜谱

香菇豌豆炒笋丁

• 烹饪时间：5分钟　• 功效：开胃消食

原料　水发香菇65克，竹笋85克，胡萝卜70克，彩椒15克，豌豆50克

调料　盐2克，鸡粉2克，料酒、食用油各适量

做法　1.将洗净的竹笋、胡萝卜切成丁；洗净的彩椒、香菇切成小块。2.锅注水烧开，放入竹笋、料酒，煮1分钟，放入香菇、豌豆、胡萝卜，煮1分钟，加入食用油、彩椒拌匀，捞出。3.用油起锅，倒入焯过水的食材，炒匀，加入适量盐、鸡粉，炒匀即可。

萝卜

热　量： 16千卡/100克

盛产期： ①②③④⑤⑥⑦⑧⑨⑩⑪⑫（月份）

萝卜简介： 萝卜和胡萝卜都是很常见的根类蔬菜，其中萝卜原产我国。有“冬吃萝卜夏吃姜，一年四季保安康”的说法，萝卜深受大众的喜爱。

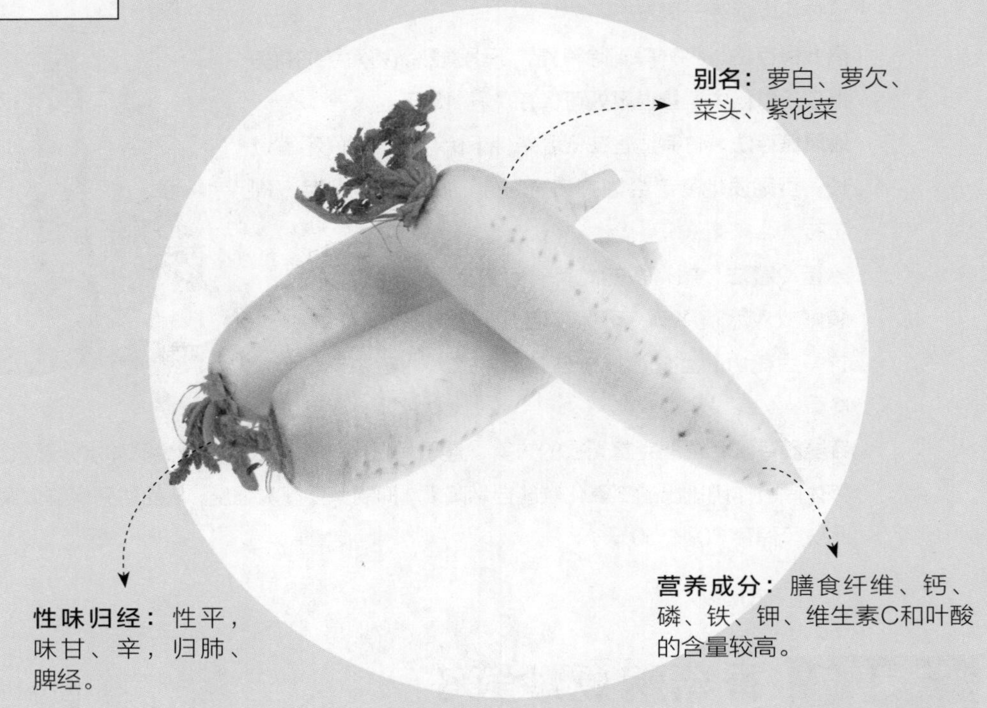

别名： 萝白、萝欠、菜头、紫花菜

性味归经： 性平，味甘、辛，归肺、脾经。

营养成分： 膳食纤维、钙、磷、铁、钾、维生素C和叶酸的含量较高。

应选择个体大小均匀，根形圆整的萝卜。若萝卜最前面的须是直直的，大多数情况下，萝卜是新鲜的；反之，如果萝卜根须部杂乱无章，分叉多，那么就有可能是糠心萝卜。新鲜萝卜色泽嫩白，应选择表皮光滑、皮色正常者。

1. 萝卜所含热量较少，纤维素较多，吃后易产生饱胀感，这些都有助于减肥。
2. 萝卜能诱导人体自身产生干扰素，增强机体免疫力，并能抑制癌细胞的生长。
3. 萝卜中的芥子油和粗纤维可促进胃肠蠕动，有助于体内废物的排出。

安全处理

食盐水清洗：将萝卜放在盆中，注入适量清水，倒入少量的食盐，搅拌均匀，浸泡 15 分钟左右，捞出之后用清水冲洗干净，沥干水即可。

苏打水清洗：将萝卜放在清水中，倒入少量苏打粉，搅拌均匀，浸泡约 10 分钟，将萝卜捞出，用手搓洗，最后用清水冲洗干净，沥干水即可。

毛刷清洗：将萝卜放入洗菜盆里，加入清水半盆，用软毛刷刷洗表皮，然后放在水龙头下冲洗，沥干水即可。

正确保存

通风储存法：萝卜最好能带泥存放，如果室内温度不太高，可放在阴凉通风处。

冰箱冷藏法：如果买到的萝卜已清洗过，则可以用厨房用纸包起来放入保鲜袋中，放入冰箱冷藏室储存。

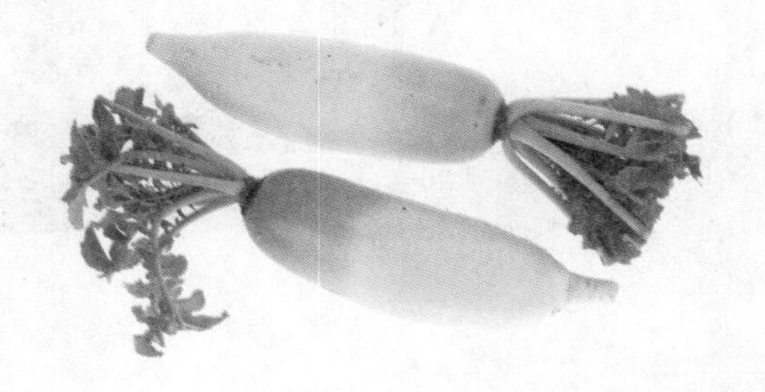

美味菜谱

川味烧萝卜

• 烹饪时间：18分钟　　• 功效：清热解毒

原料　白萝卜400克，红椒35克，白芝麻4克，干辣椒15克，花椒、蒜末、葱段各少许

调料　盐2克，鸡粉1克，豆瓣酱2克，生抽4毫升，水淀粉、食用油各适量

做法　1.将白萝卜切成条形；红椒斜切圈。2.用油起锅，倒入花椒、干辣椒、蒜末爆香，放入白萝卜条炒匀，加入豆瓣酱、生抽、盐、鸡粉、清水，炒匀。3.小火煮10分钟，放入红椒圈、水淀粉、葱段炒香，盛出，撒上白芝麻即可。

胡萝卜

热　量： 25千卡/100克

盛产期： 1 2 3 4 5 6 7 8 9 10 11 12（月份）

胡萝卜简介： 胡萝卜为伞形科，原产地中海沿岸，我国栽培甚为普遍，以山东、河南、浙江、云南等省种植最多，品质亦佳。

别名： 红萝卜、黄萝卜、番萝卜、丁香萝卜

性味归经： 性温，味甘、辛，归脾、胃经。

营养成分： 富含胡萝卜素、维生素B_1、维生素B_2，以及钙、铁、磷等矿物质。

食材选购

选购胡萝卜的时候，以形状规整，表面光滑，且心柱细的为佳，不要选表皮开裂的。新鲜的胡萝卜手感较硬，手感柔软的说明放置时间过久，水分流失严重，这样的胡萝卜不建议购买。

营养功效

1. 胡萝卜含有大量胡萝卜素，有补肝明目的作用，可辅助治疗夜盲症。
2. 胡萝卜含有植物纤维，吸水性强，在肠道中体积容易膨胀，是肠道中的“充盈物质”，可加强肠道蠕动，从而利膈宽肠，通便防癌。
3. 胡萝卜中的胡萝卜素在人体内转变成维生素 A，有助于增强机体的免疫功能，在预防上皮细胞癌变的过程中具有重要作用。

安全处理

食盐水清洗：将胡萝卜浸泡在加了食盐的水中，浸泡10 ~ 15分钟，捞出用清水冲洗干净，即可进一步加工。

毛刷清洗：胡萝卜的清洗方法与白萝卜大致相同，用软毛刷刷去泥沙和残余的杂质，用清水冲洗干净，再刮去表皮，就可以改刀烹饪了。

正确保存

通风储存法：可用白纸包好，放在阴暗处保存。如果将胡萝卜放置在室温下，就要尽量在一两天内吃完，否则胡萝卜会枯萎、软化。

冰箱冷藏法：胡萝卜存放前不要用水冲洗，只需将胡萝卜的头部切掉，然后放入冰箱冷藏即可。这样保存胡萝卜是为了使胡萝卜的头部不吸收胡萝卜本身的水分，从而延长保存时间。

容器储存法：将胡萝卜煮熟，放凉后用密封容器保存，冷藏可保鲜5天，冷冻可保鲜5个月。

美味菜谱

荷兰豆炒胡萝卜

• 烹饪时间：3分钟　• 功效：降低血压

原料　荷兰豆100克，胡萝卜120克，黄豆芽80克，蒜末、葱段各少许

调料　盐3克，鸡粉2克，料酒10毫升，水淀粉、食用油各适量

做法　1.洗净去皮的胡萝卜斜刀切成片。2.锅注水烧开，加入盐、食用油、胡萝卜、黄豆芽、荷兰豆，煮1分钟，捞出。3.用油起锅，放入蒜末、葱段爆香，倒入焯过水的食材、料酒、鸡粉、盐炒匀，倒入水淀粉炒至食材熟透即可。

洋葱

热　量： 39千卡/100克

盛产期： 1 2 3 4 5 6 7 8 9 10 11 12（月份）

洋葱简介： 洋葱外边包着一层薄薄的皮，或白，或黄，或紫，在国外它被誉为“菜中皇后”。

别名： 葱头、球葱、圆葱、玉葱

性味归经： 性温，味甘、微辛，归肝、脾、胃、肺经。

营养成分： 不仅含钾、维生素C、叶酸、锌、硒等营养素，更有两种特殊的营养物质——槲皮素和前列腺素A。

洋葱表皮越干、越光滑越好。洋葱球体完整、球型漂亮，表示洋葱发育较好。还要看洋葱有无物理伤害，有无挤压变形，如果损伤明显，则不易保存，容易坏掉。洋葱包卷度愈紧密愈好。

1. 洋葱是为数不多的含前列腺素 A 的植物之一，是天然的血液稀释剂，能扩张血管、降低血液黏稠度，从而能预防血栓发生。
2. 洋葱能帮助细胞更好地分解葡萄糖，同时降低血糖，供给脑细胞热能，是糖尿病、神志委顿患者的食疗佳蔬。
3. 洋葱中含有可降血糖的有机物，能起到较好的降低血糖和利尿的作用。

安全处理

食盐水清洗：在放有洋葱的盆中注入适量的清水，加入少量的食盐，搅拌均匀，浸泡10～15分钟，捞出，切去两头，剥去外面的老皮，用流水冲洗干净，沥干水即可。

温泡清洗：在盛有清水的容器中加入适量的热水，兑成温水，将洋葱浸泡在温水中10～15分钟，捞出后用刀切去头部，再切去根部，用手将洋葱的老皮全部剥除即可。

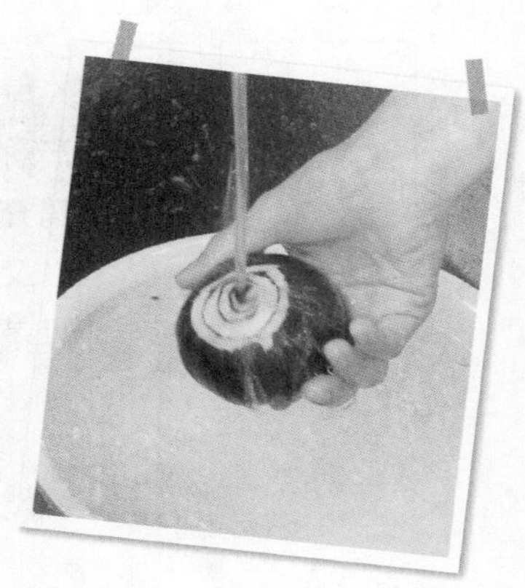

正确保存

冰箱冷藏法：洋葱一旦切开，即使是包裹了保鲜膜放入冰箱中储存，因氧化作用，其养分也会迅速流失。因此尽量避免切开后储存。

丝袜储存法：如果把洋葱一个个装进不用的丝袜里，在每个中间打个结，使它们分开。然后，将其吊在通风的地方，就可以使洋葱保存时间长而不会腐坏。

美味菜谱

红油洋葱拌猪肚

• 烹饪时间：4分钟　• 功效：降压降糖

原料　洋葱150克，熟猪肚150克，朝天椒10克，蒜末、葱花各少许

调料　盐3克，味精2克，辣椒油、芝麻油各适量

做法　1.洗净的洋葱切丝；洗净的朝天椒切圈；熟猪肚切成丝。2.锅中注水烧开，倒入猪肚丝，氽约1分钟，捞出，装碗，倒入洋葱丝、朝天椒圈、盐、味精、辣椒油、蒜末、葱花，拌约1分钟，淋入少许芝麻油拌匀即可。

蒜

热　量：113千卡/100克

盛产期：①②③④⑤⑥⑦⑧⑨⑩⑪⑫（月份）

蒜简介：蒜，为一年生或二年生草本植物，原产于欧洲南部和中亚，汉代由张骞从西域引入中国陕西关中地区，后遍及全国。中国是世界上大蒜栽培面积和产量最多的国家之一。

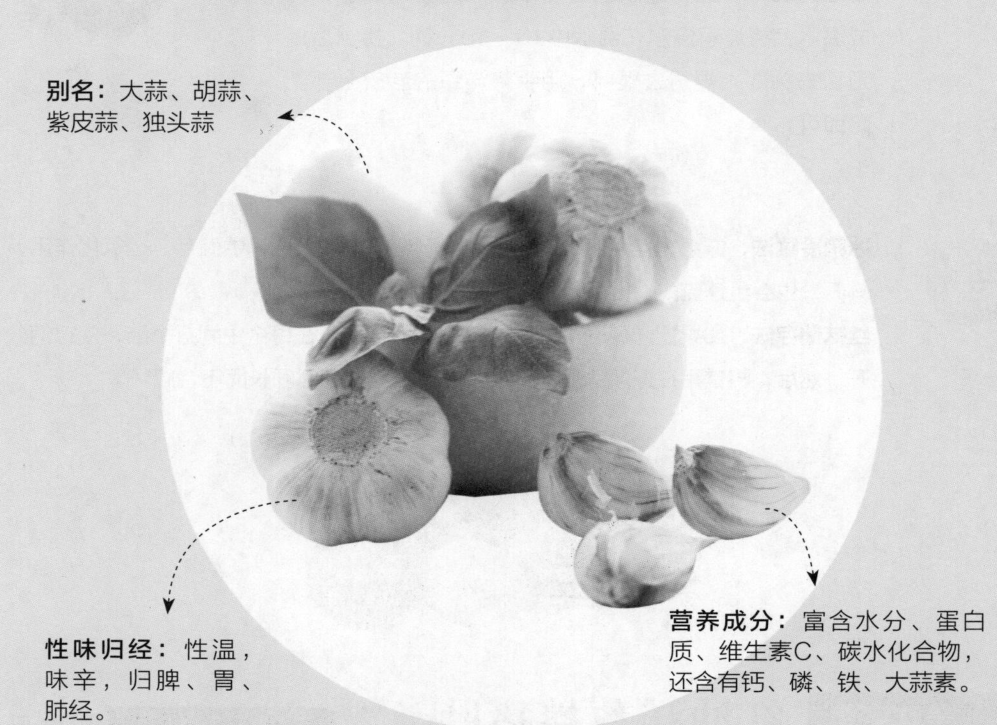

别名：大蒜、胡蒜、紫皮蒜、独头蒜

性味归经：性温，味辛，归脾、胃、肺经。

营养成分：富含水分、蛋白质、维生素C、碳水化合物，还含有钙、磷、铁、大蒜素。

选购大蒜时，应购买那些看起来圆圆胖胖的，表皮没有破损的大蒜。此外，大蒜要选购味道浓厚，辛香可口，有明显的辛辣味道的。选购时，轻轻用手指挤压大蒜的茎，检查其摸起来是否坚硬，好的大蒜应该摸起来没有潮湿感。

1. 大蒜中的含硫化合物能促进肠道产生一种酶（或称为“蒜臭素”的物质），能增强机体免疫功能。

2. 吃大蒜能促进血液健康，改善血液循环，同时有利于改善勃起功能，从而对治疗阳痿有一定的辅助作用。

3. 有报告发现，大蒜能防止血浆胆固醇升高，降低血脂。

安全处理

去皮清洗：先洗净大蒜表面的灰尘、泥土，再剥去蒜的外衣，最后用清水洗净即可。

正确保存

通风储存法：大蒜可放在网袋中，悬挂在室内阴凉通风处，或放在有透气孔的陶罐中保存。

冰箱冷藏法：在春节过后老蒜容易发芽的时候，可把大蒜用锡纸紧贴蒜身包好，放入密封盒中入冰箱冷藏，这样可保存两月之久。

容器储存法：也可以将大蒜去皮后放入广口瓶中，倒入色拉油浸泡，存放于阴凉处。此法不但不会使大蒜发芽，在炒菜时还可直接拿出来使用，很方便。

白醋储存法：将蒜头放入白蜡液中浸泡一下，使之表面形成一层薄薄的蜡衣，从而与外界空气隔绝。捞出后，放入篮子，悬挂在阴凉通风的地方。

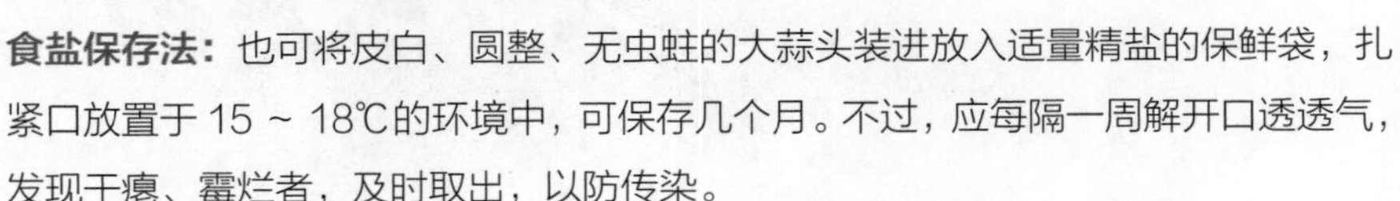

食盐保存法：也可将皮白、圆整、无虫蛀的大蒜头装进放入适量精盐的保鲜袋，扎紧口放置于 15 ~ 18℃的环境中，可保存几个月。不过，应每隔一周解开口透透气，发现干瘪、霉烂者，及时取出，以防传染。

美味菜谱

蒜泥白肉

• 烹饪时间：25分钟　　• 功效：开胃消食

原料　净五花肉300克，蒜泥30克，葱条、姜片、葱花各适量

调料　盐3克，料酒、味精、辣椒油、酱油、芝麻油、花椒油各少许

做法　1.锅中注水烧热，放入五花肉、葱条、姜片，淋入料酒煮20分钟，关火，浸泡20分钟。2.把蒜泥放入碗中，倒入盐、味精、辣椒油、酱油、芝麻油、花椒油拌成味汁。3.取出五花肉，切成薄片，码入盘中，浇入味汁，撒上葱花即成。

生姜

热　量：41千卡/100克

盛产期：①②③④⑤⑥⑦⑧⑨⑩⑪⑫（月份）

生姜简介：“冬吃萝卜夏吃姜，一年四季保健康”。这是我国民间常流传的话。生姜的功效很多，鲜品或干品可以作为调味品。姜经过炮制，可作为中药的药材之一。姜有清热解毒的功效，是一种日常烹饪常用佐料。

别名：姜皮、姜、姜根、百辣云

性味归经：性微温，味辛，归肺、脾、胃经。

营养成分：含有多种维生素、胡萝卜素、钙、铁、磷等。

食材选购

挑选生姜时别挑外表太过干净的，表面平整就可以了。选购嫩姜时，要选芽尖细长的。中心部位肥胖胖的，中看不中吃，丝毫没有嫩姜清脆、爽口的特点。可用鼻子闻一下，若有淡淡的硫黄味，千万不要买。

营养功效

1. 生姜中的姜辣素进入人体后，能产生一种抗氧化本酶，能有效地抗衰老，老年人常吃生姜可除老年斑。
2. 生姜的提取物能刺激胃黏膜，促进血液循环，增强胃功能，达到健胃、止痛、发汗、解热的作用。
3. 姜的挥发油，能增强胃液的分泌和肠壁的蠕动，从而帮助消化。

安全处理

搓洗：将生姜放进大碗里，加入适量的清水，一手握住生姜，另一只手用洗碗布搓洗，把生姜放在水龙头下冲洗，沥干即可。

去皮清洗：将生姜放在清水里清洗一下，用小刀去皮，将表皮刮干净，放在水龙头下冲洗，然后沥干即可。

正确保存

通风储存法：生姜买回来后，用纸包好，放在阴凉通风处，这样可以保存较长的时间。需要注意的是，包的纸最好不要选择报纸，因为容易在生姜表面沾染重金属——铅，对人体有害。

冰箱冷冻法：切过的生姜，最好的保存方法是将生姜切成 3 ~ 4 厘米的厚片，然后用保鲜膜包好放入冷冻室保存，需要时再取出，味道和新鲜的一样。

容器储存法：有盖的大口瓶子，瓶底垫一块蘸了水的药棉，将生姜放置在药棉上，盖上瓶盖，即可随吃随取。

埋沙储存法：可将生姜埋在潮而不湿的细沙中保存。

食盐储存法：将其洗净擦干后埋入盛食盐的罐内，这样可使生姜较长时间不干，保持浓郁的姜香。

白酒储存法：将生姜洗净、去皮，放在白酒里，用盖封住，可以长期保鲜。

美味菜谱

姜汁牛肉

• 烹饪时间：2分钟　• 功效：开胃消食

原料　卤牛肉100克，姜末15克，辣椒粉、葱花各少许

调料　盐3克，生抽6毫升，陈醋7毫升，鸡粉、芝麻油、辣椒油各适量

做法　1.将卤牛肉切成片，把切好的牛肉片装入盘中。2.取一个干净的碗，倒入姜末、辣椒粉，放入少许葱花，加入适量盐、陈醋、鸡粉、生抽、辣椒油、芝麻油，加入少许开水，用勺子搅拌匀。3.将拌好的调味料浇在牛肉片上即可。

山药

热　量： 56千卡/100克

盛产期： 1 2 3 4 5 6 7 8 9 10 11 12（月份）

山药简介： 山药营养丰富，食用、药用价值都很高，自古以来就被视为物美价廉的补虚佳品，既可作主粮，又可作蔬菜，还可以制成糖葫芦之类的小吃。

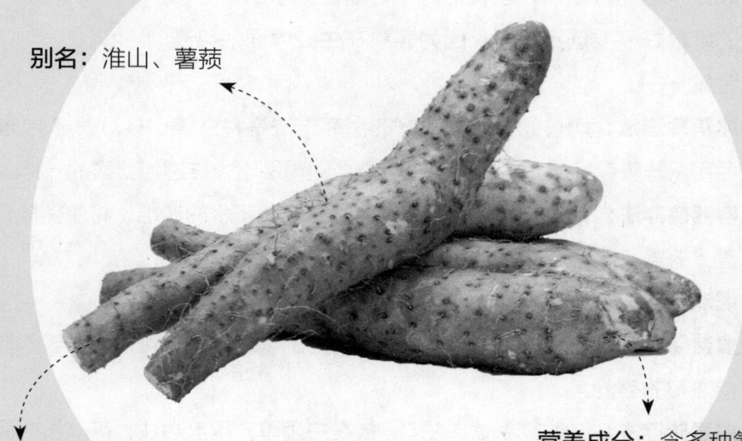

别名： 淮山、薯蓣

性味归经： 性平，味甘，归脾、肺、肾经。

营养成分： 含多种氨基酸和糖蛋白、黏液质、胡萝卜素、维生素B_1、维生素B_2等。

食材选购

同一品种的山药，须毛越多的越好，因为须毛越多的山药口感更面，含山药多糖越多，营养也更好。山药的横切面肉质应呈雪白色，这说明是新鲜的，若呈黄色似铁锈的切勿购买。

营养功效

1. 山药含有淀粉酶、多酚氧化酶等物质，有利于脾胃的消化、吸收功能，是一味平补脾胃的药食两用之品。
2. 山药含有多种营养素，有强健机体、滋肾益精的作用。
3. 山药含皂苷、黏液质，有润滑、滋润的作用，可益肺气、养肺阴，辅助治疗肺虚痰嗽久咳之症。

安全处理

食盐水清洗：先将山药外表的泥洗干净，削去表皮，泡入水中，放入少许食盐，搓洗片刻，浸泡 10 分钟，再用流水冲洗干净即可。

正确保存

通风储存法：短时间保存只需用纸包好放入阴凉通风处即可。

冰箱冷藏法：如果购买的是切开的山药，则要避免接触空气，应用保鲜袋包好放入冰箱里冷藏。削完皮的山药非常滑手，在手上涂些醋或盐会更容易处理一些。

冰箱冷冻法：购买后如不马上食用，就去皮切块，依每次的食用量用保鲜袋分装，并立即放冰箱急冻。烹调时不需要解冻，水烧开后马上下锅，既方便又能确保山药品质。

木屑包埋法：如果需长时间保存，应该把山药放入木锯屑中包埋。

美味菜谱

彩椒山药炒玉米

• 烹饪时间：2分钟　　• 功效：降低血压

原料　鲜玉米粒60克，彩椒25克，圆椒20克，山药120克

调料　盐2克，白糖2克，鸡粉2克，水淀粉10毫升，食用油适量

做法　1.彩椒、圆椒洗净切块，去皮的山药洗净切丁。2.锅注水烧开，倒入玉米粒、山药、彩椒、圆椒、食用油、盐，煮至断生，捞出。3.用油起锅，倒入焯过水的食材，炒匀，加入盐、白糖、鸡粉，炒匀调味，用水淀粉勾芡即可。

土豆

热　量： 76千卡/100克

盛产期： 1 2 3 4 5 6 7 8 9 10 11 12（月份）

土豆简介： 土豆是一种具有粮食、蔬菜等多重特点的优良食品，在我国被列入七种主要粮食作物之一。

别名： 马铃薯、洋芋、馍馍蛋

性味归经： 性平，味甘，归胃、大肠经。

营养成分： 富含糖类，特别是淀粉质含量高，还含有蛋白质、脂肪、维生素等，并含有丰富的钾盐。

土豆的外形以肥大而匀称为好，特别是以圆形的为最好。土豆表皮深黄色，皮面干燥，芽眼较浅，无物理损伤，不带毛根，无病虫害，无发芽、变绿和蔫萎现象的为好。土豆分黄肉、白肉两种，黄的较粉，白的较甜。

1. 土豆中含有丰富的膳食纤维，有助促进胃肠蠕动，疏通肠道。
2. 含有丰富的维生素 B_1、维生素 B_2、维生素 B_6 和泛酸等 B 族维生素，以及大量的优质纤维素，具有抗衰老的功效。
3. 土豆中含有的抗菌成分，有助于预防胃溃疡。
4. 土豆是非常好的高钾低钠食品，很适合水肿型肥胖者食用。

食盐水清洗： 土豆放入盆中，注入清水，加适量盐，搅拌均匀，浸泡 10 ~ 15 分钟，用刮皮刀刮去皮，用小刀将土豆的凹眼处剜去，最后用流动水冲洗干净，沥干水备用。

钢丝球清洗： 将土豆放在盛有清水的盆中，浸泡 5 ~ 10 分钟，捞起土豆，拿到流水下冲洗，并用钢丝球擦洗表皮，将土豆表皮和凹眼处的泥沙擦掉后，再去皮用流动水冲洗干净，沥干水即可。

正确保存

通风储存法： 应把土豆放在阴凉的低温通风处，切忌放在保鲜袋里保存，因为保鲜袋会捂出热气，让土豆发芽。

冰箱冷藏法： 将土豆不洗直接装在保鲜袋中，放进冰箱冷藏室保存，可以保存一周左右。

埋沙储存法： 可以把土豆归置在一起，放在家里背光的通风处，用沙覆盖，以保持温度和干燥。

美味菜谱

辣拌土豆丝

• 烹饪时间：3分钟　　• 功效：开胃消食

原料　土豆200克，青椒20克，红椒15克，蒜末少许

调料　盐2克，味精、辣椒油、芝麻油、食用油各适量

做法　1.去皮洗净的土豆切丝；青椒、红椒切段，去籽，切丝。2.锅中注水烧开，加食用油、盐，倒入土豆丝，略煮，倒入青椒丝和红椒丝，煮约2分钟，捞出，装入碗中。3.加入盐、味精、辣椒油、芝麻油拌匀，盛出，撒上蒜末即成。

莲藕

热　量： 74千卡/100克

盛产期： 1 2 3 4 5 6 7 8 9 10 11 12（月份）

莲藕简介： 莲藕，微甜而脆，原产于印度，后来引入中国。它的根根叶叶、花须果实，无不为宝，都可滋补入药。

别名： 藕、藕节、湖藕、果藕

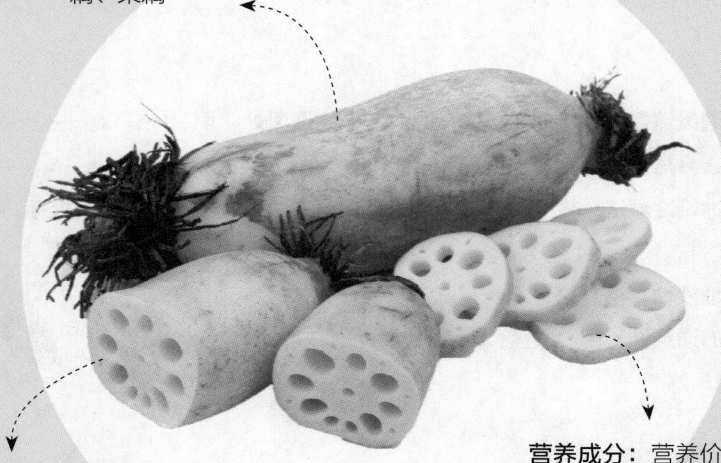

性味归经： 性凉，味辛、甘，归肺、胃经。

营养成分： 营养价值很高，富含铁、钙等营养元素，还含维生素K、维生素C和蛋白质。

藕节之间的间距越大，则代表莲藕的成熟度越高，口感更好。因此可以挑选较粗长、两头均匀的藕节。莲藕的外皮应该呈黄褐色，肉肥厚而白。如果莲藕外皮发黑，有异味，则不宜食用。如果是切开的莲藕，可以看看莲藕中间的通气孔，应选择通气孔较大的莲藕购买。

1. 莲藕生用性寒，有清热凉血作用，可用来辅助治疗热性病症。
2. 莲藕中含有黏液蛋白和膳食纤维，能减少人体对脂类的吸收。
3. 莲藕散发出一种独特的清香，还含有鞣质，有一定的健脾止泻作用，能增进食欲、促进消化、开胃健中。

安全处理

穿孔清洗：将藕节切去，用削皮刀将藕皮削去，一分为二，放进小盆里，注入适量的清水，在筷子较细的那头裹上纱布，往莲藕的孔洞里逐个捅，然后把水倒掉，倒入清水清洗，沥干即可。

正确保存

通风储存法：莲藕容易变黑，没切过的莲藕可在室温中放置一周的时间。切面处孔的部分容易腐烂，所以切过的莲藕要在切口处覆以保鲜膜，冷藏保鲜，可保存一个星期左右。

冰箱储存法：将藕直接用保鲜袋装好放在冰箱冷藏室储存，可保存一周左右。

净水储存法：将莲藕洗净，从节处切开，使藕孔相通，放入凉水盆中，使其沉入水底。置盆于低温避光处，夏天一两天，冬天五六天换一次水。

美味菜谱

糖醋菠萝藕丁

• 烹饪时间：2分钟　　• 功效：开胃消食

原料　莲藕100克，菠萝肉150克，豌豆30克，枸杞、蒜末、葱花各少许

调料　盐2克，白糖6克，番茄酱25克，食用油、食醋各适量

做法　1.将菠萝肉、莲藕切成丁。2.锅中注水烧开，加入食用油，倒入藕丁、盐搅匀，汆煮半分钟，倒入豌豆、菠萝丁搅散，煮至断生后捞出。3.用油起锅，爆香蒜末，倒入焯过水的食材炒均匀，加入白糖、食醋、番茄酱、枸杞、葱花炒香即可。

花菜

热　量： 24千卡/100克

盛产期： ①②③④⑤⑥⑦⑧⑨⑩⑪⑫（月份）

花菜简介： 花菜，为十字花科芸薹属一年生植物，与西蓝花（绿花菜）、圆白菜同为甘蓝的变种。

别名： 菜花、花椰菜、椰菜花、椰花菜

性味归经： 性凉，味甘，归胃、肝、肺经。

营养成分： 含丰富的钙、磷、铁、维生素C、维生素A、B族维生素、维生素K及蔗糖等。

食材选购

花球无虫咬，外观无损伤，花朵间没有空隙、紧密结实者为好，不要买茎部中空的。花菜以颜色亮丽、不枯黄、无黑斑者为好。对白色花菜来说，乳白色的花菜比纯白色的口感更佳。观察花菜梗的切口是否湿润，如果过于干燥则表示采收已久。

营养功效

1. 花菜能很好地补充身体所需的营养成分，从而提高身体素质和免疫力，具有强身健体的功效。
2. 花菜不仅能疏通肠胃，促进胃肠蠕动，还可以降低血压、血脂、胆固醇含量。
3. 另外，花菜还具有很好的抗癌的功效，被称为“十大绿色蔬菜”之一，具有很好的食疗保健功效。

花菜和西蓝花一样表面不平，易藏匿农药，应仔细清洗。

食盐水清洗：将花菜放在水龙头下冲洗，再切成小朵，放进洗菜盆里，注入适量清水，放一勺食盐，浸泡几分钟，捞出，放在水龙头下冲洗，沥干即可。

苏打水清洗：将花菜放入盆中，用水先冲洗一遍，切分成可食用大小的块状，放入盆中，加水后放入少许苏打粉，用手将苏打粉搅拌溶于水中，使其完全溶解后浸泡 15 分钟，捞出即可。

焯烫清洗：将花菜放在水龙头下冲洗，用菜刀将花菜切成小朵，放入开水锅里焯烫一下，捞起，沥干水即可。

正确保存

冰箱冷藏法：花菜放入保鲜袋中，置于冰箱冷藏室保存，可保存一周。

焯烫储存法：花菜切成可食用的小块，用放了少许食盐的开水稍烫，将烫过的花菜捞起，放凉，沥干，放入保鲜袋中，置于冰箱冷冻，要使用时再取出解冻即可。为方便解冻，最好事先分装成小包，每回解冻一包，如此也可延长花菜的保存期限。

美味菜谱

花菜火腿肠

• 烹饪时间：5分钟　• 功效：开胃消食

原料　火腿肠70克，胡萝卜50克，花菜100克

调料　盐、鸡粉各2克，料酒、水淀粉各3毫升，食用油5毫升

做法　1.洗净的花菜去梗，切块；火腿肠切片；洗净的胡萝卜去皮，斜刀切片。2.将花菜装碗，放入胡萝卜片、火腿肠片，加入盐、鸡粉、料酒、水淀粉、食用油拌匀，装入杯中，封上保鲜膜。3.备好微波炉，放入食材，加热3分钟至熟，取出，撕开保鲜膜即可。

四季豆

热　量：28千卡/100克

盛产期：①②③④⑤⑥⑦⑧⑨⑩⑪⑫（月份）

四季豆简介：在浙江衢州叫做清明豆，在中国北方叫豆角等，是餐桌上的常见蔬菜之一。

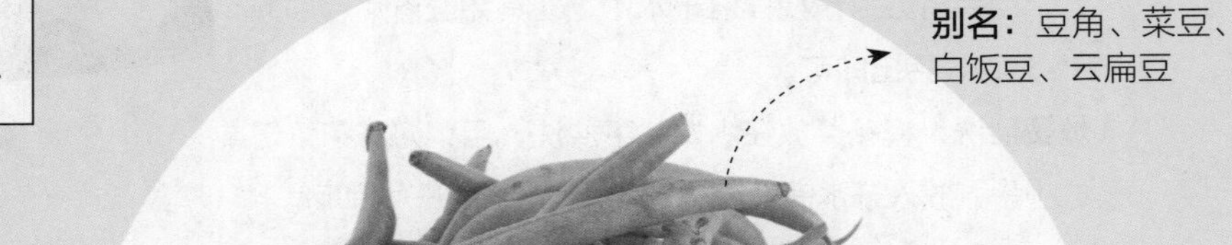

别名：豆角、菜豆、白饭豆、云扁豆

性味归经：性微温，味甘、淡，归脾、胃经。

营养成分：含维生素A和维生素C、蛋白质、糖类、脂肪、钙、磷、铁、钾等。

选购四季豆时，应挑选豆荚饱满、表皮光洁无虫痕，具有弹性者。质量好的四季豆，豆荚果呈翠绿色、饱满，豆粒呈青白色或红棕色，有光泽，鲜嫩清香，否则其质量就较差一些。新鲜的四季豆较硬，如果手感很柔软，说明放的时间过长，不适宜选购。

1. 四季豆中含有可溶性纤维，可降低胆固醇。
2. 四季豆含有皂苷、尿毒酶和多种球蛋白等独特成分，能增加机体的抗病能力。
3. 四季豆中的皂苷类物质能降低机体对脂肪的吸收，促进脂肪代谢，起到排毒瘦身的功效。

安全处理

食盐水清洗：将四季豆放进洗菜盆里，注入清水，加少许食盐，浸泡 20 分钟左右，头、尾掐除，去除老筋用清水冲洗两三遍，沥干水即可。

淘米水清洗：将四季豆放进洗菜盆里，注入清水，加入淘米水，浸泡 10 ~ 15 分钟，两边的老筋除去，用清水冲洗两三遍，沥水即可。

正确保存

冰箱冷藏法：四季豆通常直接用保鲜袋装好放入冰箱冷藏就能保存 5 ~ 7 天 ，但是放久了会逐渐出现咖啡色斑点。

冰箱冷冻法：如果想保存得更久一点，最好将四季豆洗净，用盐水焯烫后沥干，再放入冰箱中冷冻，便可以保存很久。切记水分一定要沥干，这样冷冻过的四季豆才不会粘在一起。

美味菜谱

鱿鱼须炒四季豆

• 烹饪时间：3分钟　• 功效：增强免疫力

原料　鱿鱼须300克，四季豆200克，彩椒适量，姜片、葱段各少许

调料　盐3克，白糖2克，料酒6毫升，鸡粉2克，水淀粉3毫升，食用油适量

做法　1.四季豆切成小段，彩椒切成粗条，鱿鱼须切成段。2.锅中注水，放入盐、四季豆，煮至断生，捞出；倒入鱿鱼须，氽去杂质，捞出。3.热锅注油，倒入姜片、葱段爆香，放入鱿鱼、料酒、彩椒、四季豆、盐、白糖、鸡粉、水淀粉炒匀即可。

豇豆

热　量： 28千卡/100克

盛产期： 1 2 3 4 5 6 7 8 9 10 11 12（月份）

豇豆简介： 豇豆属于豆科植物豇豆的种子，原产于印度和缅甸，是世界上最古老的蔬菜作物之一，在中国主要产地为山西、山东、陕西等地。

别名： 豆角、长豆角、长子豆

性味归经： 性平，味甘，归脾、肠经。

营养成分： 含优质蛋白质、适量的糖类及多种维生素、微量元素。

在选购豇豆时，一般以豇豆粗细均匀、子粒饱满的为佳，而有裂口、皮皱的、条过细无子、表皮有虫痕的豇豆则不宜购买。绿豇豆上头都会有一个小帽，如果颜色是绿的，那么是新鲜的；如果已经变黄了，则表明放置的时间长。刚成熟的豇豆颜色呈深绿色，吃起来较嫩。

1. 豇豆所含的 B 族维生素能维持正常的消化腺分泌和胃肠道蠕动的功能，可帮助消化，增进食欲。
2. 豇豆中所含的维生素 C 能促进抗体的合成，提高机体抗病毒的能力。
3. 豇豆的磷脂有促进胰岛素分泌、参与糖代谢的作用，是糖尿病病人的理想食品。

安全处理

豇豆是比较受虫子欢迎的一种蔬菜，所以农药的使用相对较多，烹饪前须仔细清洗。

食盐水清洗：豇豆应先用淡盐水浸泡 10 ~ 15 分钟，以去除表面的农药残留物，然后冲洗，再切段使用。

焯烫清洗：豇豆先用流水冲洗一遍，以去除表面泥土以及其他脏物，之后切段放入沸水中焯一遍，在颜色稍变时捞出，之后再用清水冲洗一遍即可。

正确保存

通风储存法：买来的鲜豇豆，应及时保鲜收藏，一般采用保鲜袋密封保鲜，放在阴凉通风的地方保存。温度应保持在 10 ~ 25℃，如果温度过低，则烹饪出来的味道很差，也炒不熟；温度过高，会使豇豆的水分挥发太快，形成干扁空壳，影响烹饪的味道。

冰箱冷冻法：如果想保存得更久一点，最好把豇豆洗干净以后用盐水焯烫并沥干水分，再放进冰箱中冷冻。不过，要记得水分一定要沥干，这样冷冻过的豇豆才不会粘在一起。

埋沙储存法：在菜窖内先铺 5 厘米厚的沙子，上面摆豇豆 5 ~ 7 厘米高，然后一层沙子一层豇豆，摆三层豇豆后，上面覆以 5 厘米厚的沙子，每隔 10 天倒一次堆，此法可贮存 1 ~ 2 个月。

美味菜谱

茄汁豇豆焖鸡丁

• 烹饪时间：2分钟　　• 功效：增强免疫力

原料　鸡胸肉270克，豇豆180克，西红柿50克，蒜末、葱段各少许

调料　盐、白糖、番茄酱、水淀粉、食用油各适量

做法　1.豇豆洗净切段，西红柿洗净切丁；鸡胸肉洗净切丁，加入盐、水淀粉，拌匀上浆，注油腌渍10分钟。2.烧开水，倒入油、豇豆，焯至断生，捞出。3.用油起锅，倒入鸡肉丁炒变色，放入蒜末、葱段炒匀，放入豇豆、西红柿、番茄酱、白糖、盐、水淀粉炒匀即可。

豆芽

热　量： 19千卡/100克

盛产期： 1 2 3 4 5 6 7 8 9 10 11 12（月份）

豆芽简介： 传统的豆芽是指黄豆芽，后来市场上逐渐开发出绿豆芽、黑豆芽、豌豆芽、蚕豆芽等新品种。

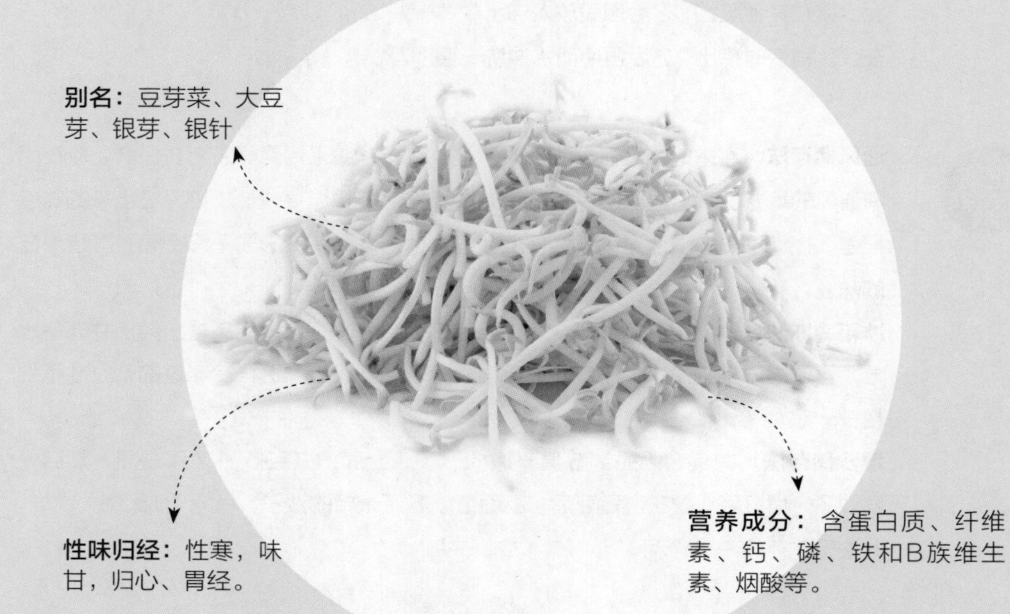

别名： 豆芽菜、大豆芽、银芽、银针

性味归经： 性寒，味甘，归心、胃经。

营养成分： 含蛋白质、纤维素、钙、磷、铁和B族维生素、烟酸等。

新鲜豆芽茎白、根小，芽身挺直，长短合适，芽脚不软，无烂根、烂尖现象。如果茎和根呈茶色且较萎软，说明发芽的豆质不新鲜，不要购买这种豆芽。新鲜豆芽有豆芽固有的鲜嫩气味，无异味。新鲜豆芽比较柔韧，不容易折断。

1. 豆芽含有丰富的维生素 C，能保护血管，防治心血管疾病。
2. 豆芽中含有维生素 B_2，常食可辅助治疗口腔溃疡。
3. 豆芽富含膳食纤维，是便秘患者的健康蔬菜，有预防消化道癌症（食管癌、胃癌、直肠癌）的功效，对美容瘦身也有很好的功用。

安全处理

食盐水清洗：除去豆芽的根须后，用清水浸泡 20 ~ 30 分钟，也可以加点盐，烹饪之前略冲洗即可。

焯烫清洗：将豆芽浸水，使那些不利于健康的物质溶解在水里，再放入加了醋的热水中烫 30 秒，之后再捞出，用流水冲洗两遍，即可烹饪。

正确保存

冰箱冷藏法：把豆芽装入保鲜袋内，放置于冰箱内冷藏，可保存 3 天。

焯烫储存法：可以把豆芽用开水烫一下，然后泡在凉水里，一天换一次水，能保存一个星期。

密封储存法：把豆芽用清水洗净，放入开水中焯一两分钟后捞起，这样更能保住水分。控干水分后，再把豆芽放入保鲜袋中，尽量排出袋内空气，密封保存。

美味菜谱　豆芽拌猪耳

• 烹饪时间：1分钟　• 功效：清热解毒

原料　豆芽100克，猪耳200克，姜丝、红椒丝各10克，香菜段20克，姜片、葱结各25克，卤水适量

调料　盐、味精、白糖、芝麻油、食用油各适量

做法　1.锅中注水，放入猪耳汆去血水，捞出。2.卤水锅中放姜片、葱结、猪耳，小火卤约30分钟，关火，浸20分钟，捞出，切丝。3.另起锅，注入清水，加少许盐、食用油、豆芽，焯至断生，捞出。4.猪耳中放姜丝、红椒、香菜、豆芽、盐、味精、白糖、芝麻油拌匀即可。

香菇

热　量： 19千卡/100克

盛产期： 1 2 3 4 5 6 7 8 9 10 11 12（月份）

香菇简介： 香菇是世界第二大食用菌，也是我国特产之一，在民间素有“山珍”之称，所含的营养物质对人体健康是非常有益的。

别名： 冬菇、香蕈、厚菇、花蕈

性味归经： 性平，味甘，归胃经。

营养成分： 含有蛋白质、脂肪、粗纤维、维生素B_1、维生素B_2、维生素C、烟酸、钙、磷、铁等。

体圆齐整，菌伞肥厚，菌柄短，盖面平滑、有光泽，无裂痕的香菇为佳。按照菌盖直径大小不同，可分一、二、三和普通四个等级，其中一级品香菇的菌盖直径要在 4 厘米以上。选购干香菇时应选择水分含量较少、体型较大的；手捏菌柄，若有坚硬感，放开后菌伞随即膨大如故，则质量好。

1. 香菇菌盖部分含有双链结构的核糖核酸，进入人体后会产生具有抗癌作用的干扰素。

2. 香菇的水提取物对过氧化氢有清除作用，有延缓衰老的功能。

3. 香菇具有降血压、降血脂、降胆固醇的作用，可预防动脉硬化、肝硬化等疾病。

安全处理

淀粉水清洗：将干香菇用温水泡发，用筷子搅动清洗，捞出，放进淀粉水中，用手指搓洗香菇，之后用清水清洗，沥干即可。

食盐水清洗：将鲜香菇放入盆中，加入淡盐水，浸泡10分钟，让菌盖向下浮在水中，用筷子敲击顶部，抖净泥沙，捞出冲洗干净即可。

正确保存

通风储存法：干香菇放在干燥、阴凉、通风处可以长期保存，鲜香菇建议即买即食。

冰箱冷藏法：新鲜香菇直接用保鲜袋装好，放入冰箱冷藏室，可保存一周左右。

容器储存法：干香菇营养丰富，易氧化变质，可用铁罐、陶瓷缸等可密封的容器装贮，容器应内衬食品袋，贮存容器内必须放入适量的块状石灰或干木炭等干燥剂，以防回潮。平时要尽量少开容器口，封口时注意排出衬袋内的空气。

美味菜谱

香菇牛柳

• 烹饪时间：3分钟　　• 功效：增强免疫力

原料　牛肉200克，芹菜30克，香菇100克，红椒少许

调料　盐2克，鸡粉2克，生抽8毫升，水淀粉6毫升，蚝油4克，料酒、食用油各适量

做法　1.香菇切片；芹菜切段；牛肉切条，放入盐、料酒、生抽、水淀粉、食用油拌匀，腌渍10分钟。2.水烧开，倒入香菇略煮片刻，捞出。3.热锅注油，倒入牛肉炒匀，放入香菇、红椒、芹菜炒匀，加入生抽、鸡粉、蚝油、水淀粉炒匀即可。

草菇

热　量：23千卡/100克

盛产期：①②③④⑤⑥⑦⑧⑨⑩⑪⑫（月份）

草菇简介：草菇是一种重要的热带亚热带菇类，我国草菇产量居世界之首。草菇素有“放一片，香一锅”的美誉。

别名：苞脚菇、兰花菇、麻菇、稻草菇

性味归经：性寒，味甘、微咸，归肺、胃经。

营养成分：含蛋白质、脂肪、糖类、膳食纤维、维生素C、烟酸、维生素E及磷、钠、铁等矿物质。

食材选购

应选择新鲜幼嫩，螺旋形，硬质，菇体完整，不开伞，无霉烂，无破裂，无机械伤的草菇。草菇颜色有鼠灰（褐）色和白色两种类型，应选择表面不发黄的草菇。

营养功效

1. 草菇富含维生素 C，能促进人体新陈代谢，提高机体免疫力，增强抗病能力。
2. 草菇含人体必需的氨基酸有 7 种，且含有大量多种维生素，能滋补开胃。
3. 草菇中的有效成分能抑制癌细胞生长，特别是对消化道肿瘤有辅助治疗作用，可以加强肝肾的活力。

安全处理

食盐水清洗： 将草菇倒入盆中，注入适量清水，加入适量盐搅匀，把草菇用淡盐水泡 5 分钟，将根部清洗干净即可。

正确保存

通风储存法： 鲜草菇在 14 ~ 16℃条件下可保鲜一两天，所以可放在阴凉通风的地方保存。

冰箱冷冻法： 在温度处于 -20℃左右时，使清洗好的草菇迅速冷冻，并在这个温度下保存，可以保持 3 个月左右，使草菇的味道、色泽基本不变。

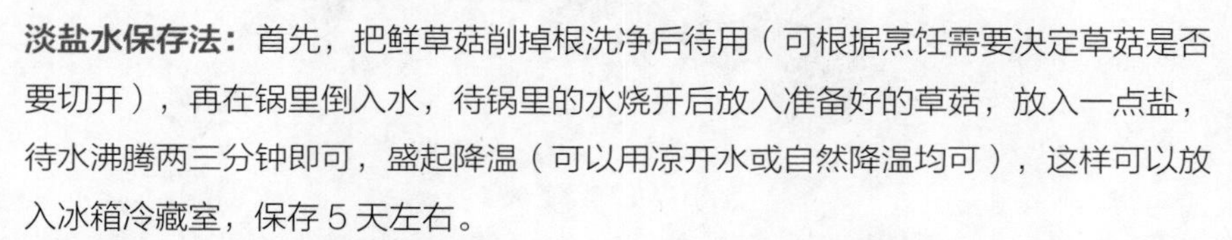

淡盐水保存法： 首先，把鲜草菇削掉根洗净后待用（可根据烹饪需要决定草菇是否要切开），再在锅里倒入水，待锅里的水烧开后放入准备好的草菇，放入一点盐，待水沸腾两三分钟即可，盛起降温（可以用凉开水或自然降温均可），这样可以放入冰箱冷藏室，保存 5 天左右。

植物油煸炒保存法： 把新鲜草菇削根洗净后（可根据需要决定草菇是否要切开），倒入热油中煸炒至熟，降温后放入冰箱冷藏室，可保存 5 天左右。

美味菜谱 西芹拌草菇

• 烹饪时间：3分钟　　• 功效：增强免疫力

原料　草菇250克，西芹150克，红椒10克

调料　盐6克，鸡粉2克，白糖2克，生抽、料酒各5毫升，芝麻油3毫升，食用油少许

做法　1.洗净的红椒切块；洗净的西芹去除老茎，切段；洗净的草菇去根。2.水烧开，放入料酒、盐、鸡粉、食用油、草菇，煮约2分钟，加入西芹、红椒，煮约半分钟，捞出。3.取一个大碗，将煮好的食材倒入碗中，加生抽、盐、鸡粉、白糖、芝麻油拌匀即可。

金针菇

热　量： 26千卡/100克

盛产期： 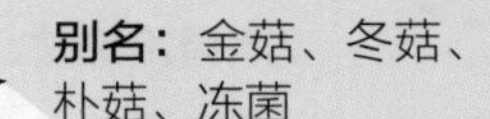（月份）

金针菇简介： 金针菇为真菌植物门真菌冬菇的子实体，营养丰富，清香扑鼻。在自然界广为分布。

别名： 金菇、冬菇、朴菇、冻菌

性味归经： 性凉，味甘，归脾、大肠经。

营养成分： 含蛋白质，维生素A、维生素C、镁、钾、磷、胡萝卜素、纤维素等。

食材选购

金针菇菌盖中央较边缘稍深，菌柄上浅下深。品质良好的金针菇，颜色应该呈淡黄色或黄褐色，还有一种色泽白嫩的，应该呈乳白色。不管是白是黄，颜色都应均匀、鲜亮。

营养功效

1. 金针菇含人体必需的氨基酸成分较全，能提高免疫力。
2. 金针菇的锌含量高，能增强智力，促进生长发育，所以有“智力菇”的美誉。
3. 金针菇为高钾低钠的食物，可降低胆固醇。
4. 金针菇中的有效成分能消除重金属毒素，抑制癌细胞的生长与扩散。

安全处理

食盐水清洗： 金针菇去根，一根根分开，放入盐水中浸泡 15 分钟，捞出，用清水漂净即可。

淘米水清洗： 一般清洗金针菇先把根切掉，用淘米水浸泡一会儿，一根根分开，再用清水洗两遍即可。

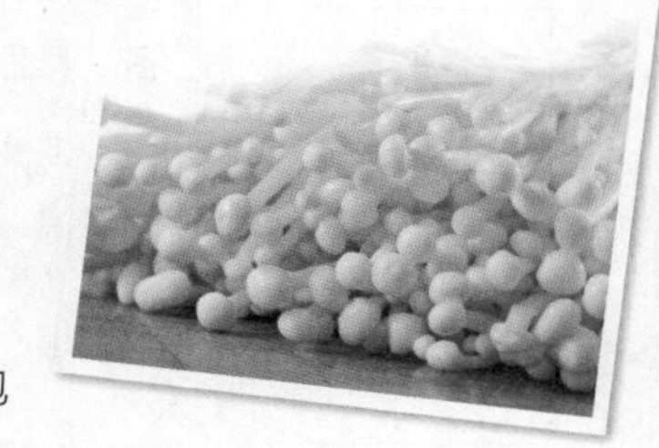

正确保存

冰箱冷藏法： 用保鲜膜封好，放置在冰箱冷藏室中，可存放一周。

焯烫储存法： 金针菇用热水烫一下，再放在冷水里泡凉，然后再冷藏，可以保持原有的风味，0℃左右约可储存10天。

美味菜谱

香脆金针菇

• 烹饪时间：10分钟　• 功效：开胃消食

原料　金针菇200克，青柠檬1个，胡萝卜50克，鸡蛋1个，面粉、海苔各适量

调料　椒盐粉、食用油各适量

做法　1.青柠檬、胡萝卜洗净切半月片；金针菇洗净撕散；海苔剪成条；鸡蛋搅散，倒入面粉，调成糊状。2.用海苔片将金针菇卷起，即成金针菇卷，裹上面糊，放入盘中。3.油锅烧热，放金针菇卷炸至酥脆，捞出。4.将青柠檬、胡萝卜摆入盘中，放入金针菇卷，撒上椒盐粉即可。

黑木耳

热　量： 21千卡/100克

盛产期： ①②③④⑤⑥⑦⑧⑨⑩⑪⑫（月份）

黑木耳简介： 黑木耳因生长于腐木之上，其形似人的耳朵，故得名。其色泽黑褐，质地柔软，味道鲜美，营养丰富，可素可荤。

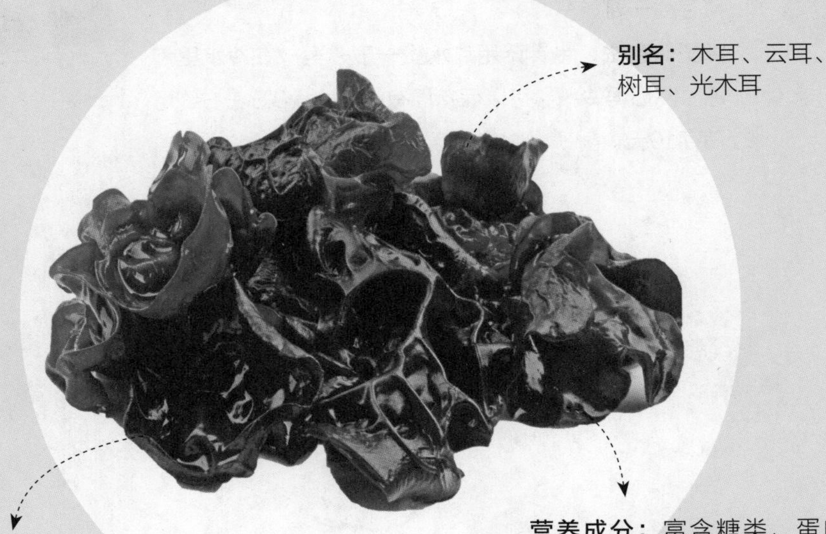

别名： 木耳、云耳、树耳、光木耳

性味归经： 性平，味甘，归胃、大肠经。

营养成分： 富含糖类、蛋白质、维生素，以及铁、钙、磷等矿物质。

食材选购

新鲜黑木耳腹面乌黑有光泽，背面呈暗灰色，大小适中。干制后黑木耳收缩均匀，干薄完整，手感轻盈，拗折脆断，互不黏结。用手捏易碎，泡开后耳瓣有弹性，且能很快伸展的黑木耳含水量少，质量好。

营养功效

1. 黑木耳富含铁，可防治缺铁性贫血。
2. 黑木耳能维持体内凝血因子的正常水平，防止出血。
3. 黑木耳富含纤维素，经常食用，有清胃涤肠的功效。
4. 对胆结石、肾结石等内源性异物有比较显著的化解功能。
5. 黑木耳能增强机体免疫力，可防癌抗癌。

安全处理

食盐水清洗：用剪刀剪掉根部杂物，然后放入加有少量盐的清水中，洗掉脏物即可。

淘米水清洗：清洗黑木耳时，先将黑木耳放在淘米水中浸泡30分钟左右，然后放入清水中漂洗，沙粒也极易除去。

淀粉水清洗：将黑木耳放入温水中，再加两勺淀粉搅匀。用这种方法可以去除黑木耳上细小的杂质和残留的沙粒，接下来只需要用清水把黑木耳清洗干净就可以了。

正确保存

通风储存法：黑木耳应放在通风、透气、干燥、凉爽的地方保存，避免阳光长时间照射。

冰箱冷藏法：用保鲜袋封严木耳，放入冰箱冷藏室冷藏保存。

美味菜谱

乌醋花生黑木耳

• 烹饪时间：2分钟　• 功效：瘦身排毒

原料　水发黑木耳150克，去皮胡萝卜80克，花生100克，朝天椒1个，葱花8克

调料　生抽3毫升，乌醋5毫升

做法　1.洗净的胡萝卜切片，改切丝。2.锅中注水烧开，倒入切好的胡萝卜丝、洗净的黑木耳拌匀，焯煮一会儿至断生，捞出，放入凉水中待用。3.捞出胡萝卜和黑木耳装在碗中，加入花生米，放入切碎的朝天椒，加入生抽、乌醋拌匀，装盘，撒上葱花点缀即可。

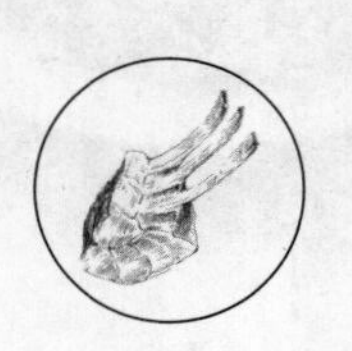

肉类以畜肉、禽肉为主，含有丰富的营养，
是人类的重要食品。
本章选取常见的肉禽蛋类食材，
教您怎么选购、储存、清洗以及烹调，
即便是厨房新手，也可以轻松掌握。

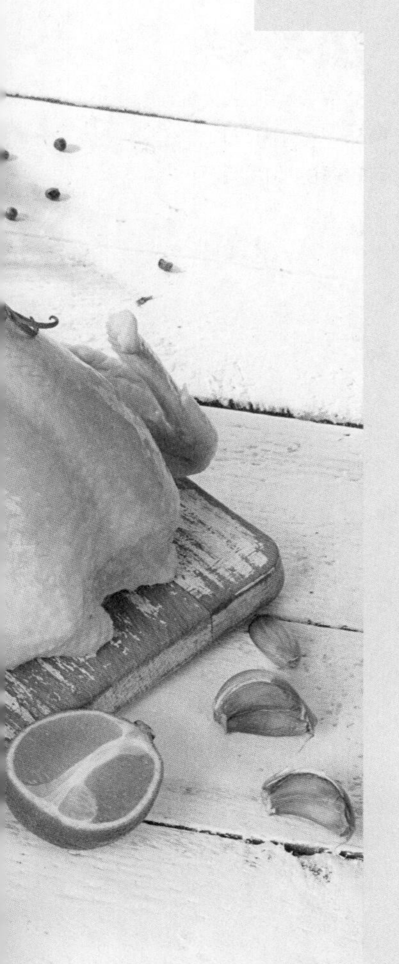

肉禽蛋类

猪肉

热　量： 187千卡/100克

食用量： 成年人每天80～100克，儿童每天约50克

猪肉简介： 猪肉是目前人们餐桌上最重要的动物性食品之一。因为猪肉纤维较为细软，结缔组织较少，肌肉组织中含有较多的肌间脂肪，因此，经过烹调加工后味道特别鲜美。

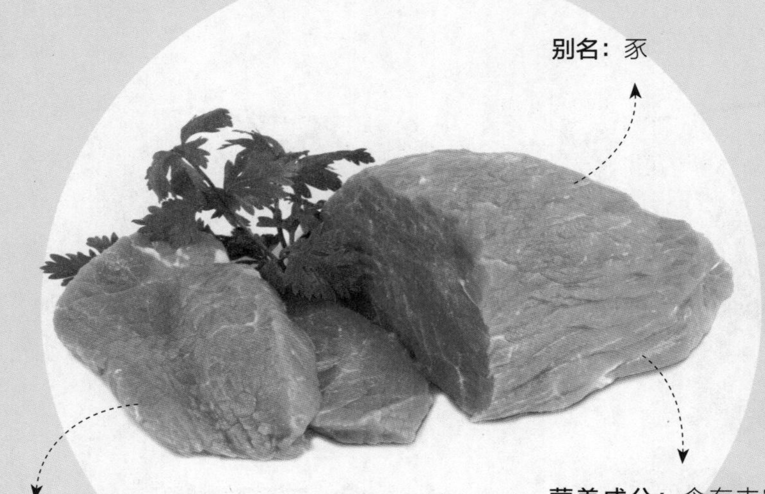

别名： 豕

性味归经： 性平，味甘、咸，归脾、胃经。

营养成分： 含有丰富的蛋白质、脂肪、糖类，以及钙、磷、铁等营养成分。

新鲜的猪肉看肉的颜色，即可看出其柔软度。同样的猪肉，其肉色较红者，表示肉较老，此种肉质既粗又硬，最好不要购买；而颜色呈淡红色者，肉质较柔软，品质也较优良。优质的猪肉肉质比较紧密，有坚韧性，指压凹陷处恢复较慢；外表湿润，切面有少量渗出液；肉质纹理清晰。

1. 中医认为，猪肉性平味甘，有润肠胃、生津液、补肾气、解热毒的功效。
2. 猪肉含有血红素（属有机铁）和促进铁吸收的半胱氨酸，能改善缺铁性贫血症状。
3. 猪肉还含有丰富的 B 族维生素，可以增强体力。

安全处理

淘米水清洗法：将猪里脊肉放入盆中，倒入淘米水，用手将猪肉在淘米水中抓洗，再用清水冲洗干净即可用于烹饪。

面团清洗法：将猪里脊肉放在和好的面团上，在面团上来回滚动，将脏物粘走，再放入清水盆中清洗干净，捞出沥干即可。

正确保存

通风储存法：将鲜肉切成条，在肉表面涂些蜂蜜后，再用线穿起来，挂在通风处，可存放一段时间，且肉味更加鲜美。

冰箱冷藏法：将肉切成肉片，在锅内加油煸炒至肉片转色，盛出，凉后放进冰箱冷藏，可贮藏两三天。

美味菜谱

抓炒里脊

• 烹饪时间：11分钟　• 功效：丰肌润肤

原料　猪里脊肉条200克，葱花、姜末各少许，湿玉米淀粉100克

调料　花生油、猪油各适量，盐2克，醋10毫升，白糖25克，酱油、料酒各5毫升

做法　1.里脊肉条洗净加料酒、酱油、盐、玉米淀粉腌渍。2.锅中注花生油烧热，放入肉条，炸5分钟，捞出。3.把玉米淀粉、白糖、醋、酱油、盐、料酒、姜末搅和成汁。4.另起锅，加入猪油烧热，放入料汁炒匀，再放入肉条炒匀，撒上葱花即可。

猪排骨

热　量： 264千卡/100克

食用量： 每次约100克

猪排骨简介： 猪排骨指猪剔肉后剩下的肋骨和脊椎骨，上面还附有少量肉类，可以食用，有多种烹饪方式。

别名： 肋排、脊骨、大排、前排

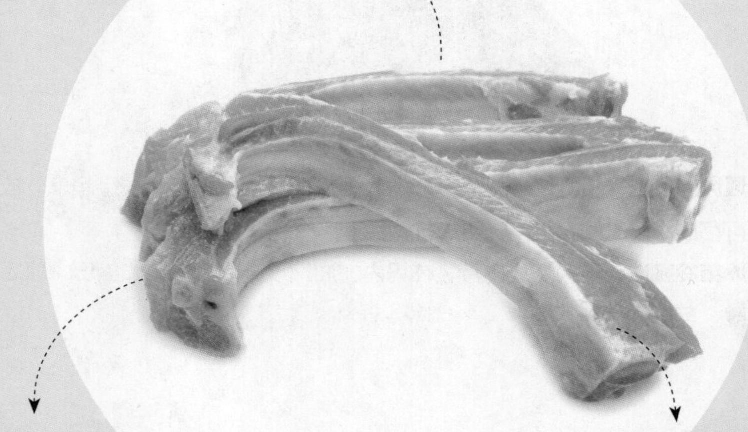

性味归经： 性平，味甘、咸，归脾、胃、肾经。

营养成分： 排骨除含蛋白、脂肪、维生素外，还含有大量磷酸钙、骨胶原、骨黏蛋白等。

新鲜的排骨外观颜色鲜红，最好呈粉红色。此外，切开的猪骨部分呈血红色。用手摸起来感觉肉质紧密。用手指按压排骨，如果用力按压，排骨上的肉能迅速地恢复原状。排骨的气味，应当接近比较新鲜的猪肉的味道，而且略带点腥味。

1. 猪排骨能提供人体生理活动所必需的优质蛋白质、脂肪，尤其是丰富的钙质，可维护骨骼健康，使人精力充沛。

2. 中医认为，猪排骨具有滋阴润燥、益精补血的功效，适宜气血不足者食用。

安全处理

淘米水清洗法：把猪排骨放在盆里，加入淘米水，浸泡 15 分钟左右，将排骨清洗干净。再将排骨放进锅里的沸水中汆烫一下，捞出沥水即可。

汆烫清洗法：将猪排骨放入盆里，加水和适量的食盐，浸泡 15 分钟左右，清洗干净。再把排骨放进锅里的沸水中汆烫一下，捞出沥水备用即可。

正确保存

短期冰箱冷冻法：刚买的排骨最好能在半小时内烹饪，若不能，则不经清洗直接用保鲜膜包好，放入冰箱冷冻层中冷冻，一般可短期保存一个星期左右。

长期冰箱冷冻法：将排骨块汆烫一下，捞出用冷水过凉，沥干水分，再加上料酒涂抹均匀，用保鲜袋包裹好，放冰箱冷冻室内冷冻保存，一般可保鲜 1 个月不变质。

美味菜谱

炒辣味芥末排骨

• 烹饪时间：32分钟　• 功效：强壮身体

原料　猪排骨段400克，荷兰豆20克，圣女果40克，鸡蛋1个，蒜末、面粉各适量

调料　盐4克，砂糖3克，米酒1大匙，食用油2小匙，泰式甜辣椒、辣黄芥末酱各适量

做法　1.荷兰豆择去老茎洗净，圣女果洗净对半切开。2.排骨段洗净，装入碗中，加盐、砂糖、蒜末、米酒、食用油、泰式甜辣酱、辣黄芥末酱拌匀腌渍20分钟，再加面粉、鸡蛋抓匀，入油锅中炸熟捞出。3.另起锅烧热，放入圣女果、荷兰豆、排骨、盐炒匀即可。

猪蹄

热　量： 259千卡/100克

食用量： 每次150克

猪蹄简介： 猪蹄是指猪的脚部和小腿的部位，又称为猪肘子、元蹄。猪蹄分前后两种，前猪蹄肉多骨少，较直；后猪蹄肉少骨多，较弯。

别名： 猪脚、猪手、猪爪

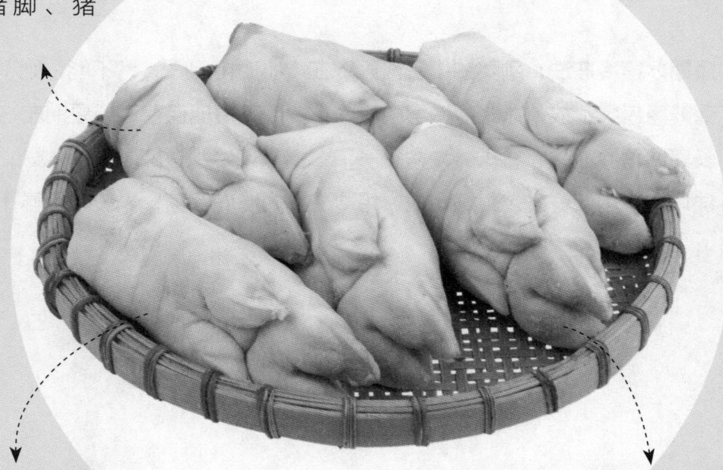

性味归经： 性平，味甘、咸，归脾、胃经。

营养成分： 含较多的脂肪和糖类，并含有维生素A、维生素E及钙、磷、铁等。

选购猪蹄时，要求其肉皮光滑，无残毛及毛根。猪蹄肉皮色泽白亮并且富有光泽，肉色泽红润，肉质略透明。整个蹄呈微弯曲状态。此外，最好挑选筋多的猪蹄，不但口感非常棒，营养也更丰富。

1. 猪蹄的肉和猪皮中含有大量的胶原蛋白质，它在烹调过程中可转化成明胶，能增强细胞生理代谢，使细胞得到滋润，防止皮肤过早褶皱，延缓皮肤衰老。

2. 猪蹄具有补虚弱、填肾精等功效，对延缓衰老和促进儿童生长发育具有特殊的作用，对老年人神经衰弱等有良好的改善作用，是老人、女性和失血者的食疗佳品。

燎刮清洗法：猪蹄用火钳夹着，放在明火上烧，并不断转动，以便整只猪蹄的毛都能被火烧掉，然后将其放在案板上，用刀刃轻轻刮掉猪蹄表皮的黑色煳皮，再用清水冲洗干净即可。

水煮法：用清水洗净，再用开水煮到皮发胀，然后取出，用毛夹子将毛拔除，再略为冲洗即可，省力省时。

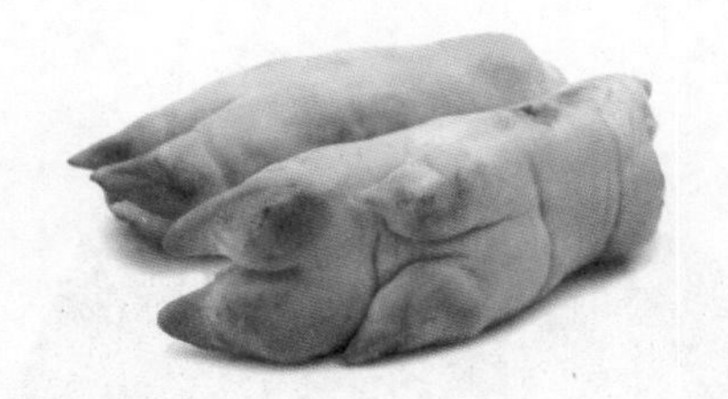

短期冰箱冷冻法：不用怎么处理，直接用保鲜膜包好，放冰箱内冷冻层，可保存几天不变质。

长期冰箱冷冻法：生猪蹄如果需要长期保存，可剁成两半，在表面涂抹上少许黄油，用保鲜膜包裹起来，再放入冰箱冷冻室内冷冻保存，食用时取出后自然化冻即可。

美味菜谱 三杯卤猪蹄

• 烹饪时间：94分钟　• 功效：益气补血

原料　猪蹄块300克，三杯酱汁120毫升，青椒圈25克，葱结、姜片、蒜头、八角、罗勒叶各少许

调料　盐3克，白酒7毫升，食用油适量

做法　1.沸水锅中放入猪蹄块，汆煮片刻，去除污渍，捞出材料，沥干水分。2.锅中注水烧热，倒猪蹄块、白酒、八角，加部分姜片，放入葱结、盐，煮熟捞出。3.用油起锅，放入蒜头、余下姜片，加入青椒圈、三杯酱汁、猪蹄块、清水，卤至食材入味，放入罗勒叶，盛出即可。

猪血

热　量：55千卡/100克

食用量：每次约50克

猪血简介：猪血，又称液体肉、血豆腐和血花等，性平，味咸，是理想的补血佳品。

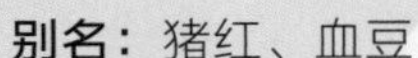

别名：猪红、血豆腐、血花

性味归经：性平，味咸，归心、肝经。

营养成分：猪血富含蛋白质以及维生素C、维生素B_2、铁、磷、钙、烟酸等成分。

食材选购

猪血切开后，如果切面光滑平整，看不到有气孔，说明有假，如果切面粗糙，有小孔说明是真猪血。假猪血由于掺了色素或血红，颜色鲜艳，真猪血颜色呈深红色。真正的猪血，有股淡淡的腥味，如果闻不到一点腥味，就可能是假的。

营养功效

1. 吃猪血有利于清肠通便。猪血中的血浆蛋白被人体内的胃酸分解后，会产生一种解毒、清肠的分解物，能够与侵入人体内的粉尘、有害金属微粒发生化合反应，利于毒素排出体外。

2. 猪血富含铁，对贫血而面色苍白者有改善作用，是排毒养颜的理想食物。

安全处理

清洗：将猪血放在清水里泡一下，用手翻洗，再用流水轻轻地冲洗。用漏勺将猪血捞出，沥干水分即可。

正确保存

冰箱冷藏法：猪血用保鲜盒装好，置于冰箱冷藏区可短期储存，一般可保存两天。

容器保存法：将猪血装在塑料袋里，放在装有凉水或淡盐水的盆里，水最好能没过猪血，但最多能放一天，也要尽快食用。

美味菜谱

猪血豆腐青菜汤

• 烹饪时间：25分钟　• 功效：开胃消食

原料　猪血300克，豆腐270克，白菜30克，虾皮、姜片、葱花各少许

调料　盐、鸡粉各2克，胡椒粉、食用油各适量

做法　1.豆腐切小方块，猪血切小块。2.锅中注水烧开，倒入备好的虾皮、姜片，再倒入切好的豆腐、猪血，加入适量盐、鸡粉，搅拌均匀。3.用大火煮2分钟，淋入少许食用油，放入白菜，撒入胡椒粉，至食材入味，盛出，撒上葱花即可。

猪肚

热　量： 110千卡/100克

食用量： 每次约50克

猪肚简介： 猪肚是猪的胃袋，而非猪的肚腩，在以往是宴客的高级食材，虽然近年来已经很普遍，但宴客时仍不失为一种佳品。

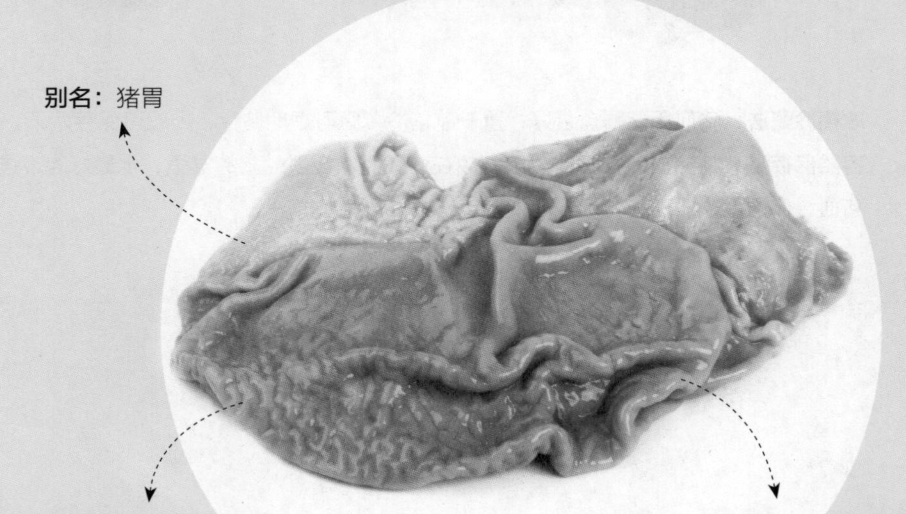

别名： 猪胃

性味归经： 性微温，味甘，归脾、胃经。

营养成分： 含有蛋白质、脂肪、糖类、维生素及钙、磷、铁等矿物质。

猪肚应看胃壁和胃的底部有无出血块或坏死的发紫发黑组织，如果没有，则可以放心购买。新鲜的猪肚应该富有弹性和光泽，白色中略带浅黄色，一部分呈淡红色。此外，闻起来是自然的腥味，说明是新鲜的猪肚。

1. 中医认为，猪肚可以补虚损、健脾胃，用于虚劳羸弱、泻泄、下痢、消渴、小便频数、小儿疳积等症的食疗。

2. 猪肚主要含有蛋白质和消化食物的各种消化酶，胆固醇含量较少，故具有补中益气、消食化积的功效。

安全处理

盐生粉清洗法： 将猪肚放在盆里，加入适量食盐，再加入适量生粉，注入适量的清水，浸泡 15 ~ 20 分钟，揉搓清洗猪肚。

碱水清洗法： 将猪肚放在盆里，加入适量的碱，注入清水，搅匀，浸泡 15 ~ 20 分钟。用手揉搓抓洗猪肚。用小刀在猪肚的内膜处轻轻切一刀，将猪肚的内膜刮除干净，用清水冲洗干净，沥干水即可。

正确保存

冰箱冷藏法： 猪肚直接内外抹盐，放冰箱冷藏区，可以保存两三天。

冰箱冷冻法： 如需长期保存猪肚，需要把猪肚刮洗干净，放入清水锅内煮至将熟，捞出用冷水过凉，控去水分，切成条块，用保鲜袋包裹成小包装，放入冰箱内冷冻保存即可。

美味菜谱

尖椒炒猪肚

• 烹饪时间：8分钟　• 功效：增强免疫力

原料　熟猪肚250克，青椒150克，红椒40克，姜片、蒜蓉、葱段各少许

调料　盐3克，料酒、味精、辣椒酱、蚝油、芝麻油、水淀粉、食用油各少许

做法　1.熟猪肚切成薄片；红椒、青椒均去籽，切菱形片。2.油锅置于火上，爆香葱段、姜片、蒜蓉，放入猪肚片、辣椒酱、料酒炒入味。3.倒入青椒片、红椒片，炒至熟，转小火，加入盐、味精、蚝油炒匀，用水淀粉勾芡，淋入芝麻油炒匀即可。

猪大肠

热　量： 196千卡/100克

食用量： 每次约45克

猪大肠简介： 猪大肠是用于输送和消化食物的，有很强的韧性，没有猪肚厚，还有适量的脂肪。

别名： 肥肠

性味归经： 性寒，味甘，归大肠经。

营养成分： 含有蛋白质、脂肪，以及维生素A、钠、磷、钾、硒、钙、镁等。

食材选购

优质大肠呈白色或黄灰色，从头到尾颜色都十分均匀。摸一下猪大肠，如果感觉黏黏的、有韧性的话，说明是优质猪大肠。此外，粗一些的大肠更有肉，会更有嚼头。

营养功效

1. 猪大肠有润燥、补虚、止渴止血之功效，可用于辅助治疗虚弱口渴、便秘等症。
2. 猪大肠性寒，味甘，有润肠、祛下焦风热、止小便数的作用。
3. 经常食用猪大肠也有益于增强免疫力。

淘米水清洗法：猪大肠放入盆中，加入适量盐、白醋，搅拌后浸泡几分钟。将猪大肠翻卷过来，洗去脏物，捞出，放入干净盆中，倒入淘米水泡一会儿。在流动水下搓洗两遍即可。

明矾清洗法：将猪大肠放入盆中，加适量盐、白醋。用手揉搓猪大肠，洗掉肠子上的黏液。将猪大肠放在流水下，一边翻肠头，一边灌水清洗。把肠内壁翻出来，清除肠内壁污物，放入清水中清洗一遍。倒掉盆中污水，把猪大肠放入盆中，加入适量明矾粉，用手揉搓猪大肠，再放在清水下，冲洗干净即可。

将猪大肠处理干净后，用保鲜膜包好，放入冰箱冷冻，食用前取出，自然解冻即可。

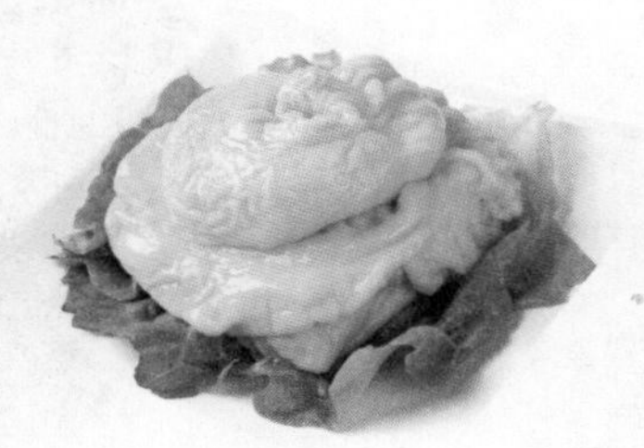

美味菜谱

干锅肥肠

• 烹饪时间：20分钟　• 功效：益气补血

原料　猪大肠200克，四季豆100克，干辣椒30克，葱段20克，蒜、姜、花椒各10克

调料　醋8毫升，盐、生抽、白糖、红油酱、食用油各适量

做法　1.四季豆洗净切段；猪大肠洗净；蒜、姜切末。2.猪大肠入沸水中煮软后捞起，切片；四季豆和猪大肠入油锅，略炸捞出。3.锅底留油，将干辣椒、花椒、葱段、姜末、蒜末放入锅内爆香，倒入四季豆、猪大肠片，再加入剩余调料炒匀即可。

猪肝

热　量： 129千卡/100克

食用量： 每次约50克

猪肝简介： 肝脏是动物体内储存养料和解毒的重要器官，含有丰富的营养物质，具有营养保健功能，是最理想的补血佳品之一。

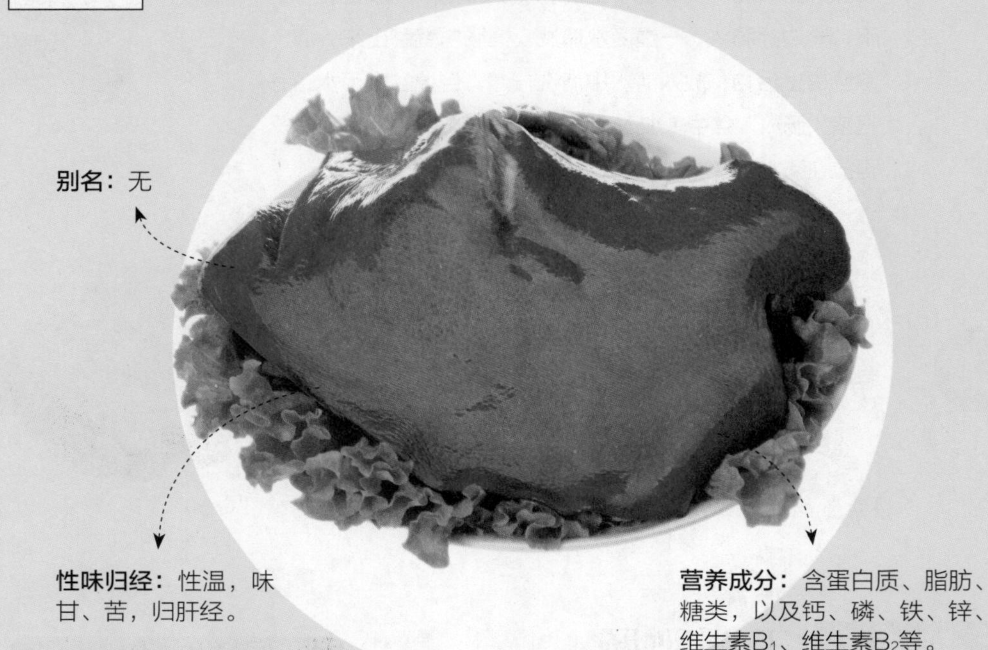

别名： 无

性味归经： 性温，味甘、苦，归肝经。

营养成分： 含蛋白质、脂肪、糖类，以及钙、磷、铁、锌、维生素B_1、维生素B_2等。

有的猪肝表面有菜籽大小的小白点，这是致病物质侵袭机体后，机体保护自己的一种肌化现象。把白点割掉仍可食用，如果白点太多就不要购买。优质猪肝外表光滑而完整，无破损，纹路十分清晰。

1. 猪肝中铁质丰富，是经常吃的补血食物，食用猪肝可调节和改善贫血的症状。
2. 猪肝中含有丰富的维生素 A，具有维持人体正常生长和生殖机能的功能。
3. 猪肝还能补充维生素 B_2，这对补充机体重要的辅酶，使机体完成对一些有毒成分的祛除有着重要作用。

安全处理

浸泡法： 将猪肝放在水龙头下冲洗，然后放入装有清水的碗中，静置一两个小时，去除猪肝的残血，捞出沥干水分即可。

抓洗法： 将猪肝依大小切成4～6块。把猪肝放入网篮中，轻轻抓洗，再置于流水下冲洗干净，沥干即可。

正确保存

通风保存法： 把猪肝用浸过醋的干净纱布包起来，可以使其保鲜一昼夜。

冰箱冷冻法： 先把猪肝用毛巾包裹，再放入保鲜袋中扎紧，放冰箱冷冻区，可保存 10 天左右。吃时自然解冻，清洗干净即可。

美味菜谱

胡萝卜炒猪肝

• 烹饪时间：6分钟　• 功效：防癌抗癌

原料　胡萝卜150克，猪肝200克，青椒片、红椒片各15克，蒜末、葱白、姜末各少许

调料　盐5克，生粉3克，料酒3毫升，蚝油、食用油各适量

做法　1.胡萝卜洗净切片；猪肝洗净切片，用盐、料酒、生粉、食用油腌渍。2.沸水锅中放入盐、胡萝卜片、食用油，焯后捞出，倒入猪肝，氽后捞出。3.用油起锅，爆香姜末、蒜末、葱白、青椒片、红椒片，放入猪肝、料酒、胡萝卜片、盐、蚝油炒匀即可。

猪腰

热　量： 96千卡/100克

食用量： 每次约70克

猪腰简介： 猪腰具有补肾气、通膀胱、消积滞、止消渴之功效。对肾虚腰痛、水肿、耳聋等症有食疗效果。

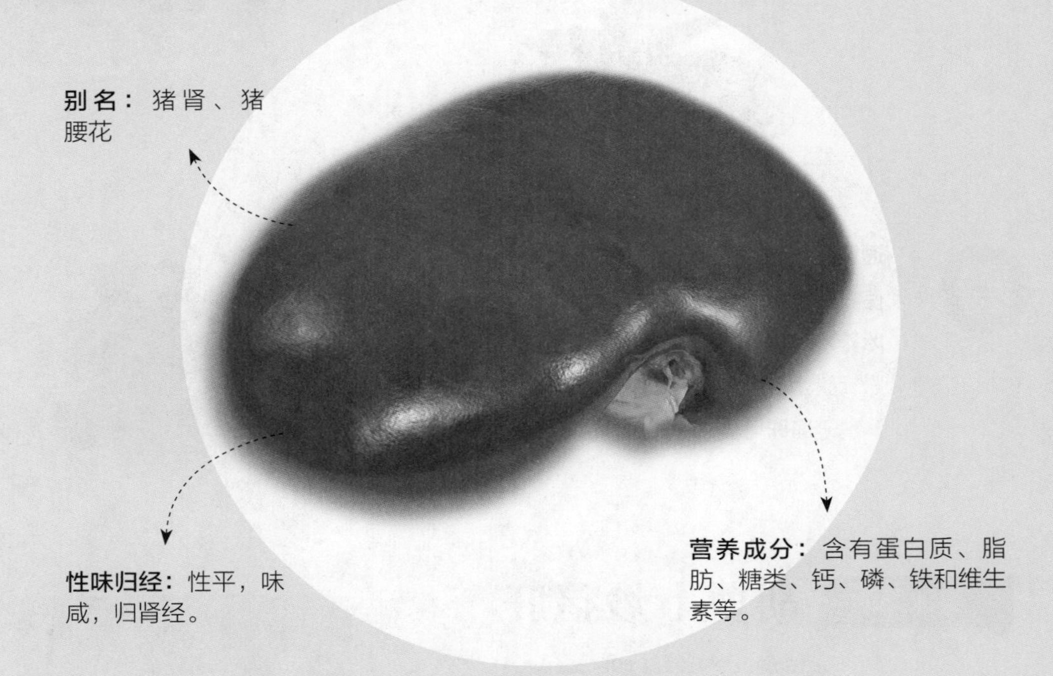

别名： 猪肾、猪腰花

性味归经： 性平，味咸，归肾经。

营养成分： 含有蛋白质、脂肪、糖类、钙、磷、铁和维生素等。

首先要注意猪腰表面是否有出血点，没有出血点则为正常。其次，新鲜的猪腰呈浅红色，表面有一层薄膜，有光泽。不新鲜的猪腰带有青色，质地松软，并有异味。用水泡过的猪腰体积大，颜色发白。

1. 猪腰含有蛋白质、脂肪、糖类、矿物质和维生素等，有和肾理气之功效。
2. 猪腰具有通膀胱、消积滞、止消渴之功效，可用于辅助治疗肾虚腰痛、水肿、耳聋等症。
3. 经常适量食用猪腰对于健肾补腰很有益处。

安全处理

料酒清洗法：将猪腰剖开，剔去里面的筋和脂肪，切成片状或花状，冲洗几遍，放在碗中，加适量料酒拌和，揉搓。将猪腰放于水龙头下冲洗干净，放入热水锅中汆烫一下，捞出，沥干水分即可。

食盐清洗法：将猪腰用清水冲洗一遍，在砧板上放好，平刀从中间切一刀，一分为二，去掉猪腰里面的白色筋膜，浸泡在清水中 30 分钟。在清水中加入适量白醋，用手揉搓清洗猪腰。将碗中水倒干净，往猪腰上撒适量食盐，用手反复揉搓，冲洗干净即可。

正确保存

冰箱冷藏法：猪腰表面抹些盐，放入冰箱冷藏区保存，更有利于保鲜，最好一两天内拿出来食用。

冰箱冷冻法：猪腰买回后不要洗，保鲜袋密封好放在冰箱冷冻层保存即可。这样保存的猪腰，再制作时如同新鲜的一样爽嫩。

美味菜谱

香菜炒猪腰

• 烹饪时间：15分钟　　• 功效：健肾补腰

原料　猪腰270克，彩椒25克，香菜120克，姜片、蒜末各少许

调料　盐3克，生抽5毫升，白糖3克，料酒、水淀粉、食用油各适量

做法　1.香菜洗净切段；彩椒洗净切粗丝；猪腰洗净切条。2.将猪腰用盐、料酒、水淀粉、食用油腌渍10分钟。3.起油锅，爆香姜片、蒜末，倒入猪腰，炒匀，淋入料酒，放入彩椒，炒软，加入盐、生抽、白糖、水淀粉炒匀，撒上香菜炒香即可。

牛肉

热　量：204千卡/100克

食用量：每次80～100克

牛肉简介：牛肉是人们经常食用的肉类食品之一，地位仅次于猪肉。牛肉蛋白质含量高，而脂肪含量低，味道鲜美，享有“肉中骄子”的美称。

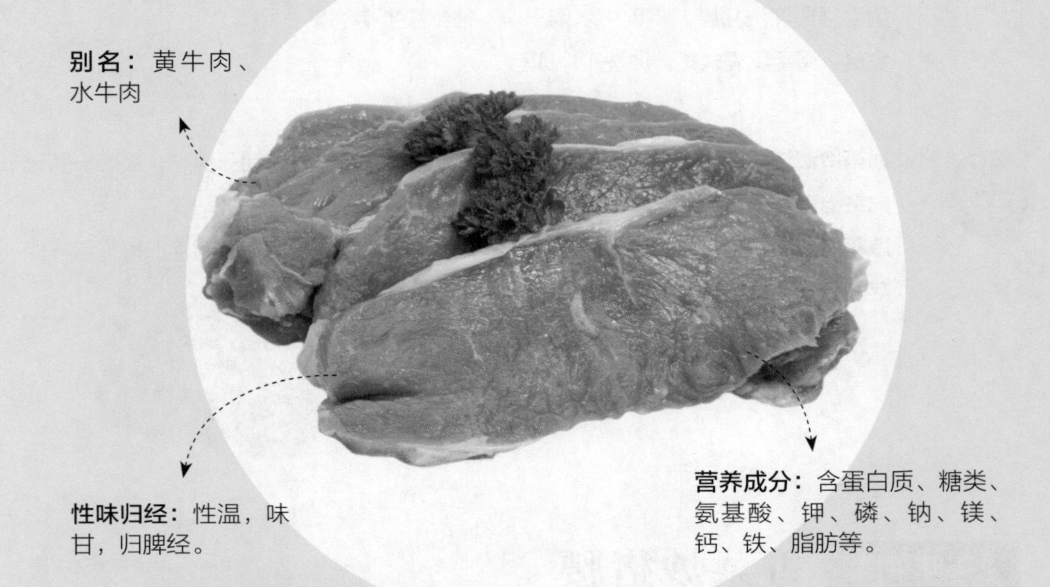

别名：黄牛肉、水牛肉

性味归经：性温，味甘，归脾经。

营养成分：含蛋白质、糖类、氨基酸、钾、磷、钠、镁、钙、铁、脂肪等。

新鲜的牛腱子肉具有正常的鲜牛肉味道。此外，牛肉肉质呈鲜红且有光泽，颜色均匀，脂肪洁白或乳黄色，可放心购买。牛肉表面呈微湿润状态，用手去按压能够快速复原，也可放心购买。

1. 牛肉中的肌氨酸含量比其他食品都高，对人体增长肌肉、增强力量特别有效。
2. 牛肉中铁元素含量较高，并且是人体容易吸收的动物性血红蛋白铁，比较适合 6 个月到 2 岁容易出现生理性贫血的宝宝，对宝宝的生长发育很有帮助。

安全处理

浸泡清洗法：将牛腱子肉切开成大块，放进盆里，加入清水，使牛腱子肉完全浸泡在水中，浸泡大约 15 分钟，然后揉洗牛腱子肉，捞起牛腱子肉，在流水下冲洗干净，沥干水分即可。

正确保存

冰箱冷藏法：在牛腱子肉的表面涂抹一层色拉油，然后装进密封容器中，再放到阴凉的地方或者放到冰箱冷藏室里，能比普通的冷藏方法保存时间长。

冰箱冷冻法：牛腱子肉应按每顿食用量分割成小块，装入保鲜袋，存入冰柜或冰箱冷冻室可保存两个星期以上。但是为保证口感不变，建议即买即食。

美味菜谱

罗勒蒜香炖牛腱

• 烹饪时间：55分钟　• 功效：补铁

原料　牛腱子肉350克，大蒜半头，柠檬半个，罗勒叶、香叶各少许

调料　盐4克，胡椒粉3克，橄榄油适量

做法　1.牛腱子肉洗净切块，柠檬切成片，罗勒叶洗净。砂锅中注水烧热，倒入牛腱子肉，汆去血水，捞出。2.净砂锅注橄榄油烧热，放入大蒜头、牛腱子肉，煎至香味散出，注入清水，煮3分钟。3.倒入香叶、盐、胡椒粉拌匀，焖40分钟。4.放入柠檬片，焖3分钟，放上罗勒叶即可。

羊肉

热　量：109千卡/100克

食用量：每次约50克

羊肉简介：羊肉是全世界普遍食用的肉品之一。羊肉肉质与牛肉相似，但肉味较浓，温补效果很好，古来素有“冬吃羊肉赛人参，春夏秋食亦强身”之说。

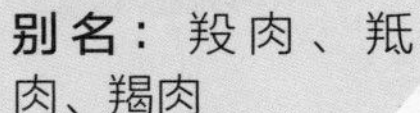

别名：羖肉、羝肉、羯肉

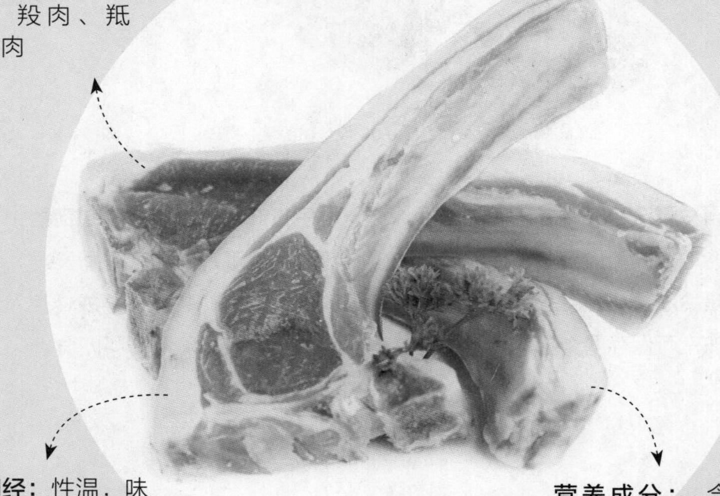

性味归经：性温，味甘，无毒，归脾、肾经。

营养成分：含蛋白质、糖类、维生素A、钾、钠、磷、钙、锌、铁、硒等。

食材选购

好的羊肉肉壁厚度一般在四五厘米，纹理细腻，肉质紧实。正常羊肉颜色呈清爽的鲜红色，有质量问题的肉质呈深红色。此外，新鲜的羊肉有股很浓的羊膻味，稍远距离也能闻到。

营养功效

1. 羊肉比牛肉的肉质要细嫩，容易消化，高蛋白，低脂肪，含磷脂多；它比猪肉和牛肉的脂肪含量都要少，胆固醇含量少，是冬季防寒温补的美味之一。
2. 羊肉营养丰富，对肺结核、气管炎、哮喘、贫血、产后气血两虚、腹部冷痛、体虚畏寒、营养不良、腰膝酸软、阳痿早泄以及虚寒病症均有很大裨益。

安全处理

面团清洗法：羊肉粘上毛发后，冲不掉，可以拿块小面团，滚来滚去就可去除，再用淘米水清洗干净即可。

米醋清洗法：洗羊肉时，可以把羊肉肥、瘦分割，剔去中间的脂肪膜，然后把肥、瘦肉分开漂洗。将羊肉切块放入水中，加点米醋，待煮沸后捞出羊肉，再继续烹调，可去除羊肉膻味。

正确保存

腌渍储存法：羊肉一般以现购现食为宜，暂时吃不了的羊肉，可放少许盐腌渍两天，即可保存 3 天左右。

冰箱冷冻法：可用保鲜膜包裹后，再用一层报纸和一层毛巾包好，放入冰箱冷冻室内冷冻保存，一般可保存 1 个月不变质。

美味菜谱

当归生姜羊肉汤

• 烹饪时间：125分钟　• 功效：补肾壮阳

原料　羊肉400克，当归10克，姜片40克，香菜段少许

调料　料酒8毫升，盐2克，鸡粉2克

做法　1.锅中注水烧开，倒入羊肉，搅拌匀，加入少许料酒，煮沸，汆去血水，捞出，沥干水。2.砂锅注水烧开，倒入当归和姜片，放入羊肉，淋入料酒，搅拌匀。3.小火炖2小时至羊肉软烂，调入盐、鸡粉，夹去当归和姜片，加入香菜段，盛出即可。

兔肉

热　量：102千卡/100克

食用量：每次约80克

兔肉简介：兔肉包括家兔肉和野兔肉两种。兔肉纤维细，味鲜美，是高蛋白、低脂肪、少胆固醇的食物，既有营养，又不会令人肥胖。

别名：菜兔肉、野兔肉

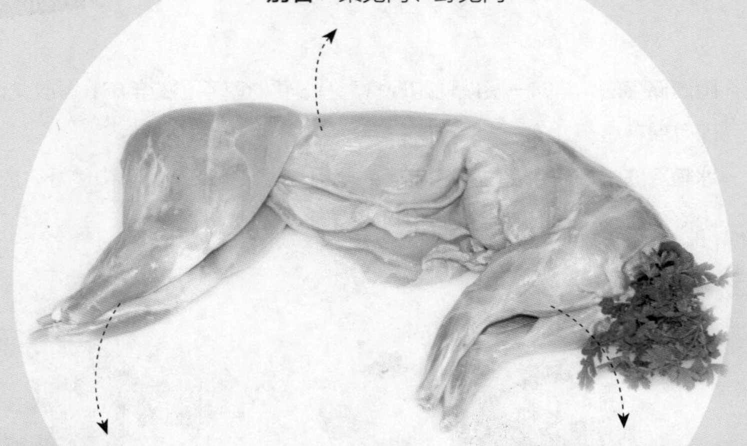

性味归经：性凉，味甘，归肝、脾、大肠经。

营养成分：含蛋白质、糖类、赖氨酸、烟酸、卵磷脂、钾、钙、钠等。

新鲜的兔肉，其肌肉组织应是有一定弹性的，外表微干或有风干的膜，不粘手，用手指按压后很快就能复原。此外，新鲜的兔肉应肉质柔软，色红均匀，富有光泽，脂肪洁白或淡黄色。品质良好的兔肉，还带有正常的肉的气味。

1. 兔肉富含大脑和其他器官发育不可缺少的卵磷脂，有健脑益智的功效。

2. 经常食用兔肉可保护血管壁，阻止血栓形成，对高血压、冠心病、糖尿病患者有益处；能保护皮肤细胞活性，维护皮肤弹性。

安全处理

浸泡清洗：首先要将屠宰去皮后的兔肉用流动的清水清洗干净，然后再用清水浸泡。浸泡可以去除兔肉中的酸性物质，提高口感。大约浸泡 4 小时后，捞出洗净，沥干水分后备用。

正确保存

冰箱冷冻法：对于鲜兔肉，如果需要长时间保鲜，需要把兔肉清洗干净，剔去筋膜，剁成大块，加上料酒调拌均匀，分成小份，用保鲜袋装好，放入冰箱冷冻保存。食用时取出自然化冻即可。

腌制法：用小火把盐炒一炒（不放油），变色后加入花椒、干辣椒涂抹在兔肉上，腌制 10 天，之后将其挂到通风处，可保存很久。

美味菜谱

红焖兔肉

• 烹饪时间：63分钟　• 功效：益气补血

原料　兔肉块350克，香菜15克，姜片、八角、葱段、花椒各少许

调料　柱侯酱10克，花生酱12克，老抽、生抽各3毫升，料酒、鸡粉、食用油各适量

做法　1.起油锅，倒入兔肉块，炒变色，放入姜片、八角、葱段、花椒，炒香。2.加入柱侯酱、花生酱，炒匀，淋入老抽、生抽、料酒，炒香，注水，烧开后用中小火焖1小时。3.加入鸡粉拌匀，大火收汁，盛出，撒上香菜叶即可。

腊肉

热　量：692千卡/100克

食用量：每次约30克

腊肉简介：腊肉是中国腌肉的一种，为湖北、四川、湖南、江西、云南、贵州等地特产，已有几千年的历史。通常是在农历的腊月进行腌制，所以称作“腊肉”。

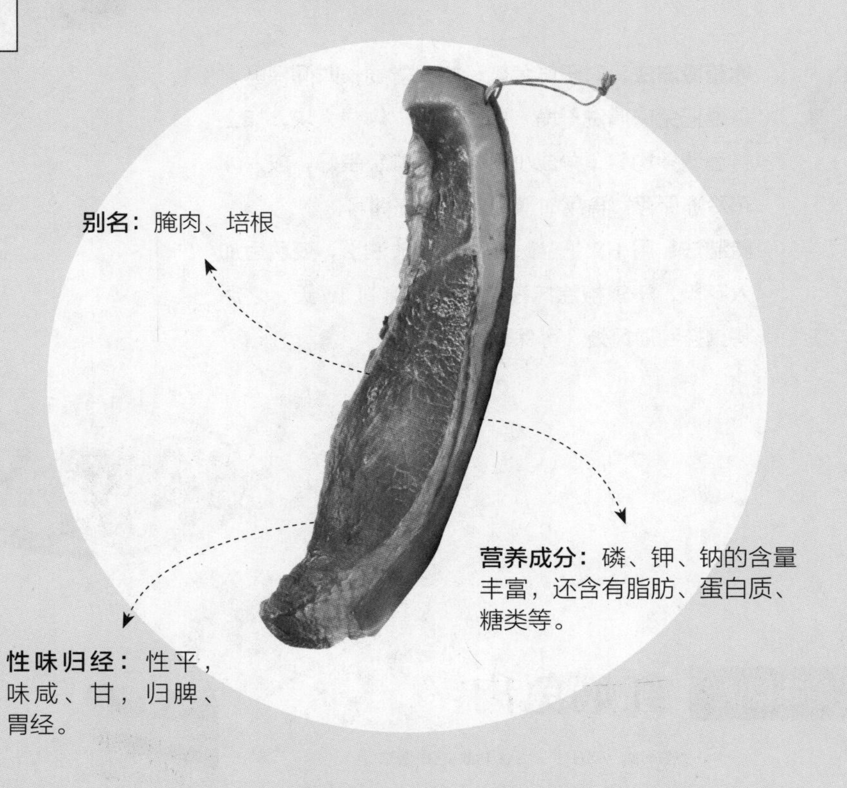

别名：腌肉、培根

营养成分：磷、钾、钠的含量丰富，还含有脂肪、蛋白质、糖类等。

性味归经：性平，味咸、甘，归脾、胃经。

食材选购

在挑选腊肉时，也要遵循“精肉要多，肥肉要少”的原则，所以尽量选瘦肉较多的购买。优质的腊肉有股正常不刺激的香味，并且具有腊肉应有的腌腊风味。此外，腊肉颜色有深有浅，那种黄中泛黑的腊肉才是正宗的颜色。

营养功效

1. 熏好的腊肉表里一致，色泽鲜艳，黄里透红，吃起来味道醇香，肥不腻口，瘦不塞牙，不仅风味独特，营养丰富，还能增加食欲。
2. 中医认为，腊肉性平，味甘、咸，具有开胃祛寒、消食等功效。

安全处理

淘米水清洗法：将淘米水加热，不用烧开，热到微微有些烫手就可以关火，把腊肉放进去。用丝瓜瓤把腊肉刷上几遍，将表面的油灰清洗干净即可。

温水清洗法：先用温水将腊肉反复清洗，洗干净之后再用温水浸泡约半个小时，这样可以大大降低盐的含量，不会太咸。

正确保存

通风保存法：买回家的腊肉，用绳吊起来，放在通风地方吹，放得越久味道越好。

容器保存法：将一口小且干净的坛罐，置于一个干燥阴凉且已撒好石灰的地方，把腊肉放进坛中，用布蒙住坛口，再盖上盖子，这样可保存 4 个月。

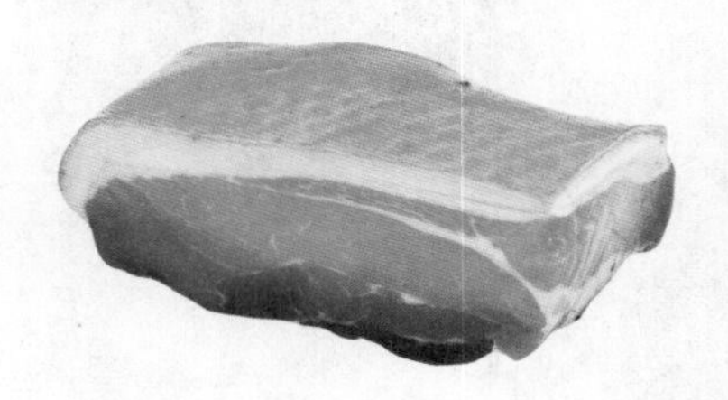

美味菜谱

腊肉竹荪

• 烹饪时间：8分钟　　• 功效：开胃消食

原料　水发竹荪80克，腊肉100克，水发木耳50克，红椒45克，葱段、姜片各少许

调料　盐2克，生抽5毫升，鸡粉2克，水淀粉4毫升，食用油适量

做法　1.竹荪切段，腊肉切片，红椒切块。　2.锅中注水烧开，倒入竹荪段，汆煮片刻捞出，再倒入腊肉，煮去杂质，捞出。3.锅注油烧热，倒入腊肉，炒香，倒入姜片、葱段、木耳、红椒，炒匀，淋入生抽，注入适量清水，倒入竹荪段，调入盐、鸡粉、水淀粉，大火收汁即可。

鸡肉

热　量： 167千卡/100克

食用量： 每次约100克

鸡肉简介： 在我国，鸡肉是比较常见的肉类。鸡肉的肉质细嫩，滋味鲜美，适合多种烹调方式。

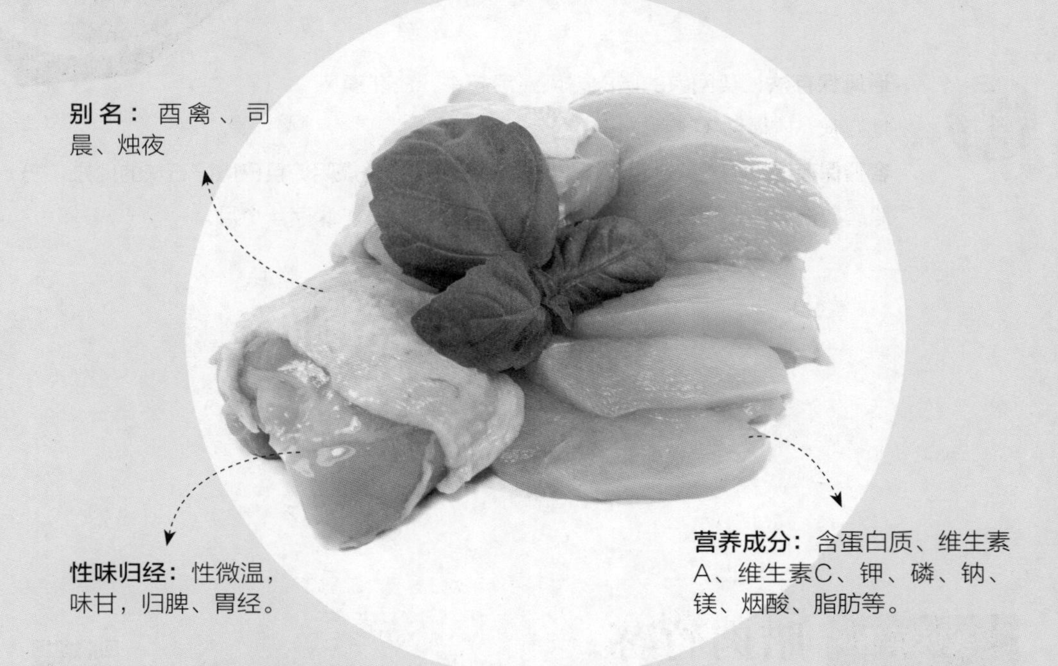

别名： 酉禽、司晨、烛夜

性味归经： 性微温，味甘，归脾、胃经。

营养成分： 含蛋白质、维生素A、维生素C、钾、磷、钠、镁、烟酸、脂肪等。

健康的活鸡，精神饱满，羽毛致密而油润；眼睛有神、灵活，眼球占满整个眼窝。新鲜的鸡肉颜色呈干净的粉红色或深粉红色，而且有光泽；皮呈米色，而且十分有光泽。切开的鸡肉鸡皮很有张力，说明这种鸡肉是优质鸡肉。

1. 现代研究认为，鸡肉中氨基酸的组成方式与人体需要的十分接近，同时它所含有的脂肪酸多为不饱和脂肪酸，极易被人体吸收。

2. 鸡肉含有的多种维生素、钙、磷、锌、铁、镁等成分，也是人体生长发育所必需的，对儿童的成长有重要意义。

安全处理

汆烫清洗法：将宰杀好的鸡放在流水下轻轻冲洗。把鸡油和脂肪切除。鸡肉切成小块状，放入热水锅中汆烫，捞起后沥干水分即可。

啤酒清洗法：将整只鸡放进盆里，加入少许食盐，倒入半罐啤酒，把鸡仔细清洗干净。再将啤酒均匀地抹遍鸡的全身，浸泡 15 ~ 20 分钟，加入清水搓干净，沥干水分即可。

正确保存

通风储存法：可先将鸡肉分割成若干方便食用的小块，用保鲜袋包好，外面再用深颜色的口袋装上，放在阴凉通风的窗外，一般适用于冬天气温低的时候自然冷冻保存。

腌制储存法：这是在冰箱没有出现时常用的传统方式。在鸡肉上面添加食用盐，食用盐不能太多，也不能太少。如果气温比较高或个人口味比较重的话，就需要多放一点盐。这种方法可以保存鸡肉过夜。

美味菜谱

干锅土豆鸡

• 烹饪时间：30分钟　• 功效：美容安神

原料　鸡腿块150克，土豆片、蒜薹段、干辣椒段、蒜片、姜片、花椒粒、香菜段各适量

调料　蚝油1大勺，盐适量，鸡粉2克，生抽3毫升，辣椒油、食用油、料酒各适量

做法　1.鸡腿块加料酒腌渍。2.热锅注油，倒入蒜薹段炒香后盛出；土豆片入油锅滑油后盛出。3.锅底留油，倒入鸡腿块、姜片、蒜片、干辣椒段、花椒粒炒匀。4.放入盐、生抽、蚝油、辣椒油、鸡粉、土豆片、蒜薹段炒匀，撒上香菜段即可。

鸭肉

热　量： 240千卡/100克

食用量： 每次约80克

鸭肉简介： 鸭，又名“凫”，别称“扁嘴娘”，用它做出的美味很多，比如北京烤鸭、南京板鸭、江南香酥鸭等，均是宴会的名菜。

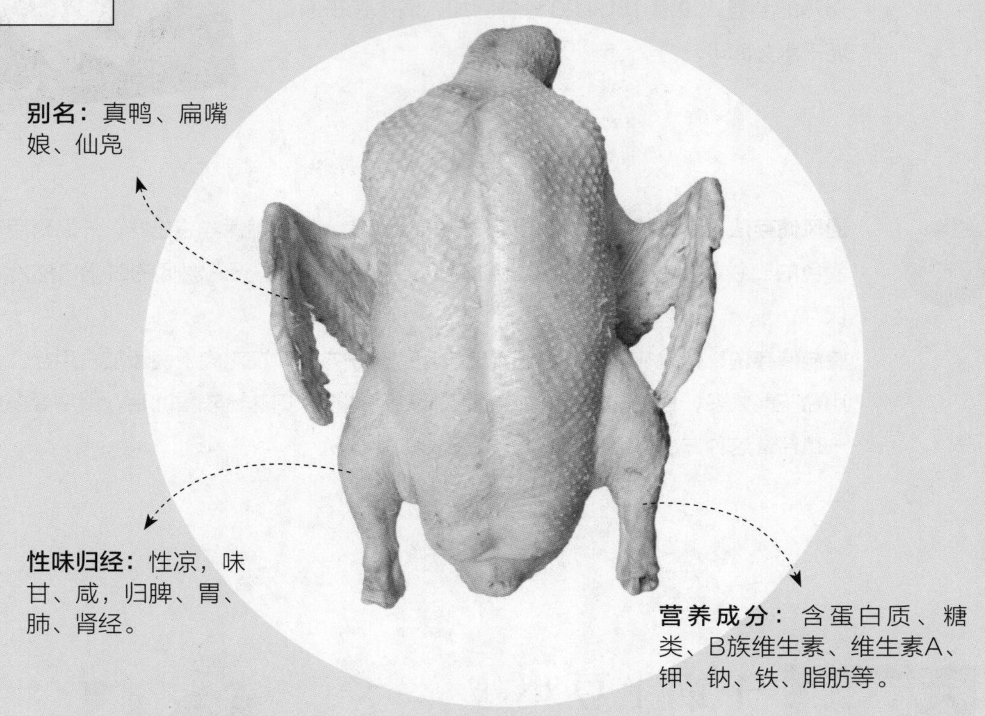

别名： 真鸭、扁嘴娘、仙凫

性味归经： 性凉，味甘、咸，归脾、胃、肺、肾经。

营养成分： 含蛋白质、糖类、B族维生素、维生素A、钾、钠、铁、脂肪等。

食材选购

新鲜鸭肉的眼睛为黑色，鸭嘴为淡粉色，体表光滑，呈现乳白色，切开鸭肉后切面呈现玫瑰色就说明是质量良好的鸭肉。优质鸭肉应是香气四溢的，而质量一般的鸭肉，闻腹腔时能够闻到腥霉味。

营养功效

1. 中医认为，鸭肉具有滋五脏之阴、清虚劳之热、补血行水、养胃生津、止咳息惊等功效。

2. 现代医学研究认为，经常食用鸭肉，除能补充人体必需的多种营养成分外，对一些低烧、食少、口干、大便干燥和有水肿的人也有很好的食疗效果。

安全处理

盐水清洗法：鸭子宰杀后即刻用冷水将鸭毛浸湿，然后用热水烫。在烫鸭子的水中加入少许食盐，这样所有的鸭毛都能褪净（去除鸭毛要用滚烫的开水，拿住鸭脚，不断翻转几下，毛就可以快速拔下）。拔完毛之后再用清水清洗处理干净。

姜汁清洗法：经过处理的冷冻鸭肉可以先放在姜汁液中，浸泡半个小时以后再洗。再汆去血水，捞出备用。此方法不但容易将其洗净，还能除腥、增鲜、恢复肉类固有的新鲜滋味。

正确保存

冰箱冷冻法：一般采用低温保存是比较合理的，鸭肉处理干净后，按每次食用的量分多个袋子装好，放入冰箱冷冻室内冷冻保存，可保存三四天。一般情况下，保存温度越低，其保存时间就越长。

腌制保存法：如果家里没有冰箱或者停电了，可在鸭肉上面添加食用盐，如果气温比较高或个人口味比较重的话就需要额外地多放一点，这样可暂时保存鸭肉不变质到第二天。

美味菜谱

蒜薹炒鸭片

• 烹饪时间：19分钟　　• 功效：清热解毒

原料　蒜薹120克，彩椒30克，鸭肉150克，姜片、葱段各少许

调料　盐、鸡粉、白糖各2克，生抽6毫升，料酒8毫升，水淀粉9毫升，食用油适量

做法　1.蒜薹洗净切段；彩椒洗净去籽切条；鸭肉洗净去皮切小片，用生抽、料酒、水淀粉、食用油腌渍。2.锅中注水烧开，放入食用油、盐、彩椒条、蒜薹段，煮熟捞出。3.起油锅，爆香姜片、葱段，倒入鸭肉片、料酒、焯煮好的食材、盐、白糖、鸡粉、生抽、水淀粉炒匀即可。

鹅肉

热　量：251千卡/100克

食用量：每次约100克

鹅肉简介：鹅又称雁鹅，古称家雁、舒雁。从科学的观点上来讲，鹅肉的营养价值比其他肉高，属绿色健康食品，符合大众的需要。

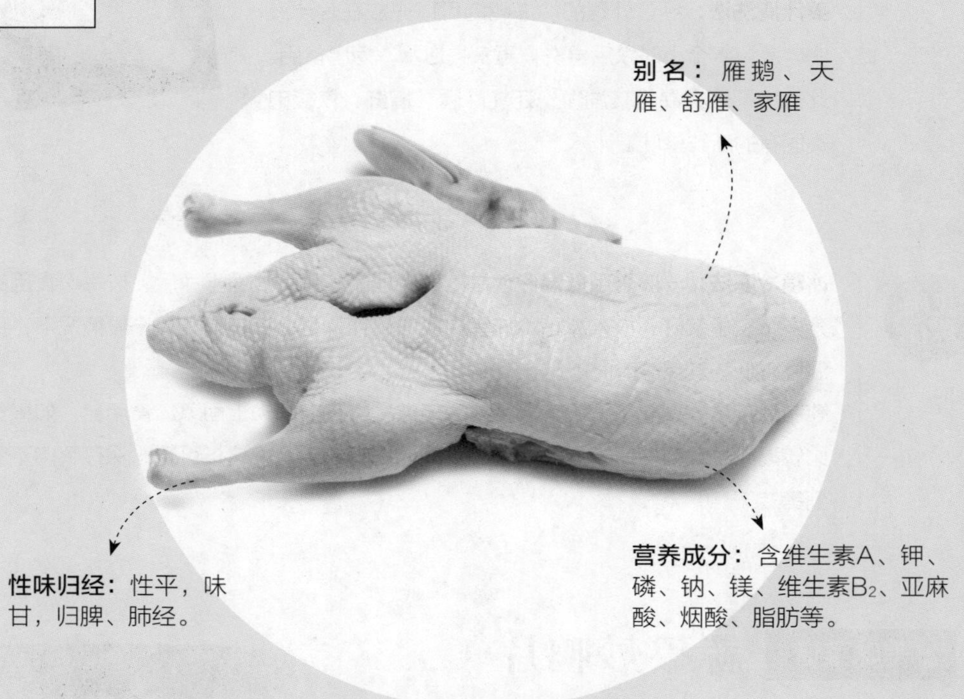

新鲜的鹅肉外表应是微干的，不粘手，用手压鹅肉后的凹陷应能立即复原。此外，新鲜的鹅肉外表应有光泽，颜色应是红润而均匀的，其脂肪为白色。

1. 中医认为鹅肉为平补之品，性味介于鸡肉和鸭肉之间，具有益气补虚、暖胃生津、利五脏、解铅毒、治虚羸、消渴之功效。

2. 现代医学研究认为，鹅肉有高蛋白、低脂肪、低胆固醇的特点，长期食用鹅肉制品，能起到防癌、抗癌的作用，还对心血管类疾病患者大大有利。

安全处理

啤酒清洗法：刚宰杀的鹅往往会有一股腥味，将鹅拔毛、除去内脏用清水冲洗干净后，可以将其放在加了盐的啤酒中浸泡 1 个小时，再烹制就没有异味了。

姜汁清洗法：超市买回来的冷冻鹅肉可以先放在姜汁液中浸泡半个小时以后再用清水冲洗干净。这样鹅肉不但容易洗净，还能除腥味。再放入热水锅中汆去血水，捞出放一旁备用。

正确保存

通风储存法：将鹅肉脂肪切除，在新鲜肉内涂上食盐，进行腌制，再将肉挂在阴凉通风处。

冰箱冷藏法：购买后要马上放进冰箱冷藏室保鲜。如果一时吃不完，最好将剩下的鹅肉煮熟，用保鲜膜密封好再放入冰箱冷藏室保存，可储存三四天。

美味菜谱

鹅肉烧冬瓜

• 烹饪时间：33分钟　• 功效：降低血压

原料　鹅肉400克，冬瓜300克，姜片、蒜末、葱段各少许

调料　盐2克，鸡粉2克，水淀粉10毫升，料酒10毫升，生抽10毫升，食用油适量

做法　1.去皮的冬瓜切块，鹅肉汆水捞出。2.起油锅，爆香姜片、蒜末、葱段，倒入鹅肉，炒匀，加入料酒、生抽、盐、鸡粉，倒水，煮沸。3.用小火焖20分钟，至熟软，放入冬瓜块，小火再焖10分钟，倒入水淀粉炒匀即可。

鸽肉

热　量： 201千卡/100克

食用量： 每次半只

鸽肉简介： 鸽子是和平、幸福、圣洁的象征。人类养鸽历史悠久，而肉用鸽是近年兴起的特种养禽之一，素有“无鸽不成宴，一鸽胜九鸡”之说。

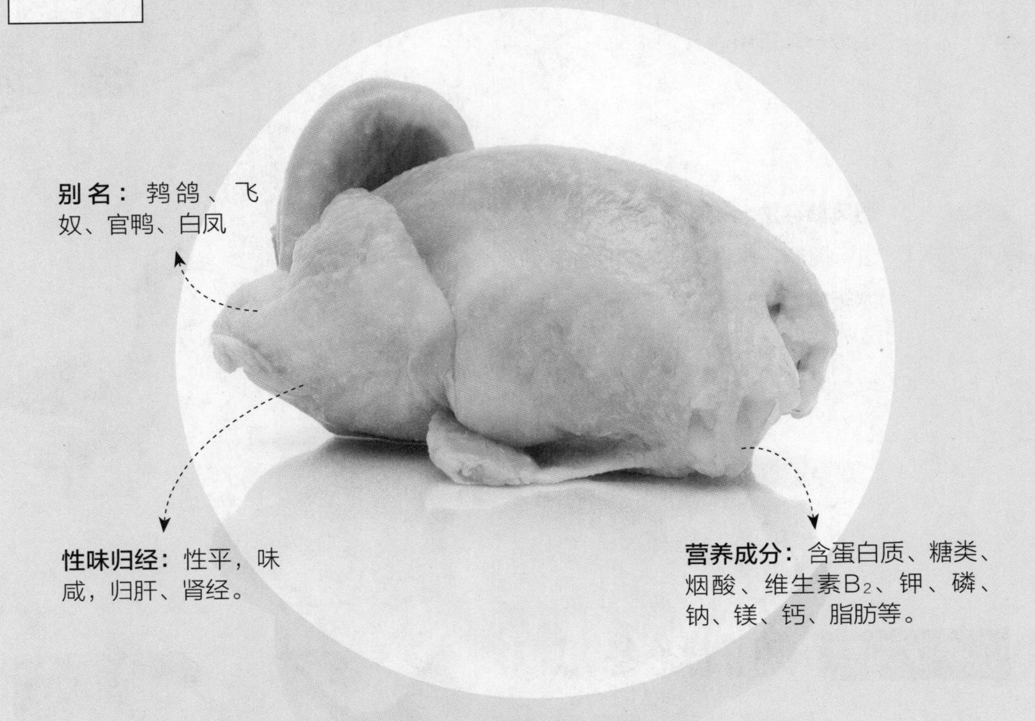

别名： 鹁鸽、飞奴、官鸭、白凤

性味归经： 性平，味咸，归肝、肾经。

营养成分： 含蛋白质、糖类、烟酸、维生素B_2、钾、磷、钠、镁、钙、脂肪等。

食材选购

活的鸽子，最好挑体形呈球形，体重较大，腰圆，背宽，腿短，且善高飞的较为适宜。刚宰杀没放多久的鸽子肉肉质紧密，且富有弹性，按下去的地方能够迅速复原。此外，新鲜宰杀的鸽子眼睛半睁着，而且干净，无杂质。

营养功效

1. 中医学认为，鸽肉性平、味咸，有解毒、补肾壮阳、缓解神经衰弱之功效。
2. 现代医学研究认为，鸽肉内含丰富的蛋白质，脂肪含量很低，营养作用优于鸡肉，且比鸡肉易消化吸收，是产妇和婴幼儿的最好营养品。

安全处理

姜汁清洗法：冷冻鸽肉可以先放入盛有姜汁液的大碗中浸泡半个小时，然后放在流动水下冲洗。冲洗干净后汆去血水，捞出之后备用。姜汁液不但能让鸽肉容易洗净，还能除腥、增鲜、恢复肉类固有的新鲜滋味，好处多多。

汆烫清洗法：将宰杀好的鸽子拔去毛，洗净，在鸽子腹部（靠近肛门附近）开一小口，掏出内脏（留肫、肝），洗净，下开水锅中浸烫一下，捞起再清洗一次，放在汤碗中备用。

正确保存

冰箱冷藏法：鸽肉较易变质，购买后可马上放进冰箱冷藏室保鲜。如果一时没有用完，最好将剩下的煮熟，放入保鲜袋，置于冰箱冷藏室保存，而不要让生的鸽肉过夜。

冰箱冷冻法：新鲜的鸽肉最好在两天内吃完。如果需要长时间地保存，需擦净表面水分，放冰箱冷冻室内冷冻保存。

美味菜谱

排骨乳鸽汤

• 烹饪时间：188分钟　　• 功效：益气补血

原料　乳鸽1只，猪排骨200克，姜适量

调料　盐适量

做法　1.将乳鸽切去脚洗净，将猪排骨洗净。2.将乳鸽、猪排骨同放入滚水锅中煮5分钟，再取出洗净。3.锅内添水煮沸，放入乳鸽，放入猪排骨，放入姜煮滚，慢火煲3小时，撒盐调味即成。

鸡蛋

热　量： 156千卡/100克

食用量： 每天1～2个

鸡蛋简介： 鸡蛋，是母鸡所产的卵，含有大量的维生素、矿物质及有高生物价值的蛋白质，是人类最好的营养来源之一。对人而言，鸡蛋的蛋白质品质最佳，仅次于母乳。

别名： 鸡卵、鸡子

性味归经： 性平，味甘，归脾、胃经。

营养成分： 含蛋白质以及维生素A、维生素B_2、维生素B_6、维生素D、维生素E、氨基酸、蛋黄素、铁、磷等。

食材选购

用眼睛观察鸡蛋的外观形状、色泽、清洁程度。良质鲜蛋，蛋壳清洁、完整、有光泽，壳上有一层白霜，色泽鲜明。把蛋拿在手上，轻轻抖动使蛋与蛋相互碰击，细听其声；或是手握摇动，听其声音。良质鲜蛋，蛋与蛋相互碰击声音清脆，手握蛋摇动无声。

营养功效

1. 鸡蛋富含DHA和卵磷脂、卵黄素，对神经系统和身体发育有利，能健脑益智。
2. 鸡蛋中的蛋白质对肝脏组织损伤有修复作用。
3. 蛋黄中的卵磷脂可促进肝细胞的再生，还可提高人体血浆蛋白量，增强机体的代谢功能和免疫功能。

安全处理

温水清洗：要用适量的温水清洗鸡蛋，因为冷水会导致鸡蛋靠近外壳的部分收缩，鸡蛋内部会形成真空，反而会造成内外压差，使外壳上的细菌更容易进入鸡蛋内部。并且，鸡蛋清洗完后要自然晾干，再放入冰箱冷藏室保存。

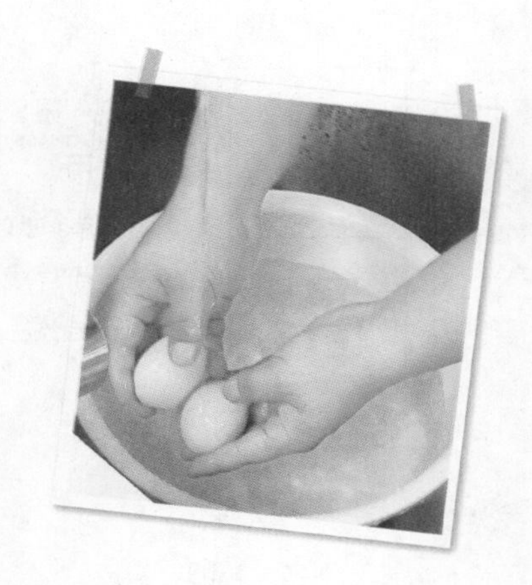

正确保存

通风保存法：鸡蛋可在20℃左右的通风环境下保存，大概可以存放1周。在存放时需要注意：放置鸡蛋时要大头朝上，小头朝下，这样可以使蛋黄上浮后贴在气室下面，既可防止微生物侵入蛋黄，也可延长鸡蛋的保存期限。

容器保存法：鸡蛋放在瓷坛子里，坛子里放点粮食（如米），一般常温下可保存3个月。

美味菜谱

香辣金钱蛋

• 烹饪时间：5分钟 • 功效：益气补血

原料 熟鸡蛋2个，圆椒55克，泡小米椒25克，蒜末少许

调料 生抽5毫升，盐2克，鸡粉2克，料酒10毫升，水淀粉5毫升，食用油适量

做法 1.将泡小米椒切碎，待用；圆椒切条，再切粒；熟鸡蛋去壳，切成片。2.用油起锅，放入蒜末、圆椒粒、泡小米椒碎，炒匀，倒入鸡蛋片，加入生抽、料酒、盐、鸡粉，炒匀调味。3.倒入适量水淀粉，翻炒片刻，至食材入味即可。

鸭蛋

热　量： 180千卡/100克

食用量： 每次1个

鸭蛋简介： 鸭蛋即鸭所产的卵，是常见的蛋类之一，它在日常饮食中占有重要的地位。鸭蛋营养丰富，吃起来较鸡蛋油润。水煮后蛋白呈蓝色，蛋黄则是橘红色。

别名： 鸭卵、青皮

性味归经： 性凉，味甘、咸，归肺、胃经。

营养成分： 含水分、蛋白质、脂肪、糖类，以及维生素A、维生素B_1、磷、铁、镁等。

食材选购

新鲜鸭蛋的外壳在自然光下洁净有光泽。蛋壳比较粗糙，壳上附有一层如霜状的细小粉末。此外，新鲜鸭蛋拿在手中发沉，有压手的感觉。

营养功效

1. 鸭蛋中蛋白质的含量和鸡蛋一样，比较高，有强壮身体的作用。
2. 鸭蛋中各种矿物质的总量超过鸡蛋很多，特别是人体中迫切需要的铁和钙，在咸鸭蛋中更是丰富，对骨骼发育有益，并能预防贫血。
3. 鸭蛋含有较多的维生素 B_2，是补充 B 族维生素的理想食品之一。

安全处理

擦拭清理：可以用干燥的海绵、干丝络等将鸭蛋表面的污物擦拭掉，大头朝上小头朝下，直立码放，不要横放。

正确保存

通风保存法：将鸭蛋放在干燥通风处保存，大概可以存放 1 周。

大米保存法：鸭蛋可以放到大米里面，并用大米盖好，这样保存的鸭蛋几个月都不会坏，比放冰箱保存时间长。

美味菜谱

香菇肉末蒸鸭蛋

• 烹饪时间：15分钟　　• 功效：养颜美容

原料　香菇45克，鸭蛋2个，肉末200克，葱花少许

调料　盐、鸡粉各3克，生抽4毫升，食用油适量

做法　1.香菇切粒；鸭蛋打入碗，加入适量盐、鸡粉、温水，拌匀。 2.用油起锅，放入肉末，炒至变色，加入香菇粒，炒匀，炒香，放入生抽、盐、鸡粉，炒匀调味。 3.把蛋液放入烧开的蒸锅中，蒸10分钟。 4.把香菇肉末放在蛋羹上，再盖盖，用小火蒸2分钟，取出揭盖，放上葱花，浇上少许熟油即可。

鹌鹑蛋

热　量：160千卡/100克

食用量：每天3～5个

鹌鹑蛋简介：鹌鹑蛋是鹌鹑的卵，营养丰富，味道好，药用价值高。鹌鹑蛋虽然体积小，但它的营养价值与鸡蛋一样高，是天然补品，在营养上有独特之处，故有“卵中佳品”之称。

别名：鹑鸟蛋、鹌鹑卵

性味归经：性平，味甘，归肝、肾经。

营养成分：含丰富的蛋白质、维生素A、维生素B_1、维生素B_2、铁、磷、钙、脑磷脂、卵磷脂、赖氨酸、胱氨酸等。

食材选购

好的鹌鹑蛋外壳为灰白色，并夹杂有红褐色和紫褐色的斑纹，色泽鲜艳，壳硬，蛋黄呈深黄色，蛋白黏稠。和鸡蛋一样，想辨别鹌鹑蛋是否新鲜，可以把鹌鹑蛋放入冷水杯里，新鲜的鹌鹑蛋是会很快沉入杯底的。

营养功效

1. 鹌鹑蛋含有一种特殊的抗过敏蛋白，能预防因为吃鱼虾发生的皮肤过敏以及一些药物性过敏。
2. 鹌鹑蛋中所含的丰富的卵磷脂和脑磷脂，是高级神经活动不可缺少的营养物质，具有健脑的作用。
3. 鹌鹑蛋中含有能降低血压的维生素 P 等物质，是心血管疾病患者的滋补佳品。

安全处理

清洗：将鹌鹑蛋放在水龙头下面用流动水冲洗就可以了，表面比较脏的可以用手轻搓，然后用水冲干净，沥干水分即可。

正确保存

通风储存法：鹌鹑蛋外面有天然的保护层，生鹌鹑蛋常温下通风处可以存放一个月，熟鹌鹑蛋常温下可存放 3 天。

冰箱冷藏法：煮熟的蛋不利于储存，可直接放入冰箱冷藏室保存即可。但为减少营养成分流失，建议尽快食用完。

美味菜谱

虎皮鹌鹑蛋烧腐竹

• 烹饪时间：11分钟　• 功效：开胃消食

原料　水发腐竹2根，鹌鹑蛋10个，胡萝卜50克，三文治火腿、青辣椒、蒜各适量

调料　盐2克，白糖2克，生抽5毫升，胡椒粉3克，食用油、水淀粉各适量

做法　1.腐竹切段；青辣椒去籽，切菱形片；胡萝卜切菱形片；火腿切片；蒜切片。2.鹌鹑蛋煮熟去壳，放入油锅中略炸至金黄色，捞出，沥干油。3.锅中注油烧热，爆香蒜片，放入腐竹段、胡萝卜片、火腿片、鹌鹑蛋炒匀。4.加入生抽、盐、白糖、胡椒粉、清水略焖，放入青辣椒片、水淀粉炒匀即可。

如今，水产品已成为人们餐桌上不可缺少的食物。
水产品种类多样，营养丰富，味道鲜美，深受人们喜爱。
那么，我们该怎样吃水产，才能吃得健康又美味呢？
本章选取常见的水产类食材，
教您怎么选购、储存、清洗以及烹调，
即便是厨房新手，也可以轻松掌握。

水产类

黑鱼

热　量： 85千卡/100克

盛产期： ①②③④⑤⑥⑦⑧⑨⑩⑪⑫（月份）

黑鱼简介： 黑鱼是淡水鱼，生性凶猛，能吃掉一些其他鱼类。黑鱼还能在陆地上做短距离滑行，迁移到其他水域寻找食物。

新鲜黑鱼，肉质坚实有弹性，手指压后凹陷能立即恢复。身体颜色越深表明这条鱼越精神，越有活力，肉质更鲜嫩。新鲜的黑鱼眼睛凸起，澄清并富有光泽。

1. 黑鱼肉可以催乳、补血。
2. 黑鱼有祛风治疳、补脾益气、利水消肿的功效。

安全处理

清洗：从市场上买回的黑鱼，可自己采取剖腹清洗法处理，先从黑鱼尾部向头部刮去鱼鳞，洗净。再用平刀法剖开鱼腹，清理内脏。用刀将鳃壳撬开，将鳃丝清理出来，最后放在流水下冲洗干净即可。

正确保存

水养保鲜法：黑鱼的生命力很强，活鱼可以先在盆里养着。水不用放太多，只要没过鱼背再稍多加点就可以了，但盆上最好扣个木板，防止鱼从盆里蹦出来。最好是和其他鱼分开喂养，避免撕咬。

冰箱冷藏法：黑鱼肉不宜保存，建议现洗现吃。必要时清洗干净，擦干表面水分，装在保鲜袋里，置入冰箱冷藏，可保存一两天。

美味菜谱

菜心炒鱼片

• 烹饪时间：2分钟　• 功效：清热解毒

原料　菜心200克，黑鱼肉150克，彩椒块40克，红椒块20克，姜片、葱段各少许

调料　盐、鸡粉、料酒、水淀粉、食用油各适量

做法　1.菜心洗净，黑鱼肉洗净切片。2.鱼片用盐、鸡粉、水淀粉、食用油腌渍；沸水锅加盐、食用油、菜心煮熟后捞出，摆入盘中。3.锅注油烧热，倒入黑鱼片滑油后捞出。锅留油，爆香姜片、葱段、红椒、彩椒。4.放入鱼片、料酒、鸡粉、盐、水淀粉炒入味，盛放在盘中即可。

草鱼

热　量：91千卡/100克

盛产期：①②③④⑤⑥⑦⑧⑨⑩⑪⑫（月份）

草鱼简介：草鱼生长迅速，是中国淡水养殖的四大家鱼之一，栖息于平原地区的江河湖泊，一般喜居于水的中下层和近岸多水草的区域。

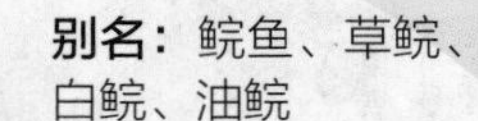

别名：鲩鱼、草鲩、白鲩、油鲩

性味归经：性温，味甘，归肝、胃经。

营养成分：蛋白质、脂肪、钙、磷、硒、铁、维生素A、维生素C等。

买草鱼一般挑选体形较大的为好，大一点的草鱼肉质比较紧密，较小的草鱼肉质太软，口感不佳。新鲜草鱼鱼身呈青灰色，鱼鳞完整，有光泽，无掉鳞者可以购买。鲜草鱼肉质坚实有弹性，手指压后凹陷能立即恢复。

1. 草鱼肉富含不饱和脂肪酸等成分，有助于预防心血管疾病。
2. 草鱼富含硒，可以抗衰老、养颜、预防肿瘤。
3. 中医认为，草鱼肉性温味甘，有补脾暖胃、补益气血、平肝祛风的功效。

安全处理

清洗：从市场上买回的草鱼，可自己采取开背清洗法处理。从鱼的尾部开始刮鱼鳞，洗净；从鱼的尾部开背，将鱼的头劈开；用手清理内脏，再刮去鱼腹内的黑膜，冲洗干净；再将两边的鳃丝切除，洗净即可。

正确保存

冰箱冷藏法：在鱼的身上，内脏最容易腐烂，所以我们必须先将草鱼宰杀处理，刮除鱼鳞，去除鱼鳃、内脏，清洗干净，然后按照烹饪需要，分割成鱼头、鱼身和鱼尾等部分，用厨房纸抹干表面水分，分别装入保鲜袋，再放入冰箱保存。一般冷藏保存，必须两天之内食用完。

冰箱冷冻法：刮除鱼鳞，去除鱼鳃、内脏，清洗干净，然后按照烹饪需要，分割成鱼头、鱼身和鱼尾等部分，用厨房纸抹干表面水分，分别装入保鲜袋，再放入冰箱冷冻保存，可保持一两个月不变质。冷冻保存后要食用时，从冰箱取出后在室温下自然解冻为佳。

美味菜谱

椒香啤酒草鱼

• 烹饪时间：12分钟　　• 功效：防癌抗癌

原料　草鱼肉1000克，啤酒200毫升，圣女果90克，青椒75克，蒜片、姜片各少许

调料　盐3克，鸡粉3克，白糖3克，料酒、葵花籽油、生抽、水淀粉、胡椒粉各少许

做法　1.圣女果对半切开；青椒切圈；草鱼肉切块，用盐、料酒、胡椒粉腌渍。2.锅注油烧热，放入鱼肉块、姜片、蒜片，爆香。3.加料酒、生抽、啤酒、盐焖5分钟，放入青椒圈、鸡粉、白糖、圣女果焖2分钟，加水淀粉、葵花籽油炒匀即可。

鲢鱼

热　量：104千卡/100克

盛产期：①②③④⑤⑥⑦⑧⑨⑩⑪⑫（月份）

鲢鱼简介：鲢鱼是著名的四大家鱼之一，人工饲养的大型淡水鱼，生长快、疾病少、产量高，多与草鱼、鲤鱼混养。

别名：鲢、鲢子、白脚鲢

性味归经：性温，味甘，归脾、胃经。

营养成分：含蛋白质、脂肪、糖类、维生素A、维生素D、B族维生素、钙、磷、铁等。

新鲜鲢鱼的鱼体上会有透明的黏液，与鱼体贴附紧密的鳞片有光泽，不易脱落，适宜购买。此外，新鲜的鲢鱼，眼球凸出，黑白分明，鱼鳃色泽鲜红，腮丝清晰。

1.鲢鱼肉含ω-3脂肪酸，能预防癌症，预防心血管疾病的发生。

2.鲢鱼富含胶质蛋白，对皮肤粗糙、脱屑、头发干脆易脱落等症均有一定的疗效。

安全处理

清洗：从市场上买回的鲢鱼，可采取剖腹清洗法处理。将买回的鱼从尾部开始，逆着鱼鳞刮，再将鱼冲洗一下，挖出鱼鳃，切开鱼腹，清除内脏，再用手清理鱼内部的黑膜，放在流水下冲洗，装好即可。

正确保存

冰箱冷冻法：有时，鱼买得多了，一时又吃不完，可将鱼宰杀后洗净，切成块分装在保鲜袋里，放入冷冻室，一两个月不会变质，要烹调时拿出解冻即可。

美味菜谱

辣卤酥鲢鱼

• 烹饪时间：32分钟　• 功效：增强免疫力

原料　鲢鱼700克，麻辣卤水800毫升，生粉30克，香菜2克

调料　盐2克，料酒5毫升，食用油适量

做法　1.鲢鱼切段，鱼头对半切开，鱼尾切段，加入料酒、盐、生粉，拌匀。2.锅中注油烧热，放入鲢鱼，油炸约6分钟至表皮金黄且香脆，捞出。3.锅置火上烧热，倒入麻辣卤水，煮约2分钟，放入鲢鱼块，卤20分钟，盛出，浇上适量卤汁，放上香菜即可。

鳙鱼

热　量：100千卡/100克

盛产期：①②③④⑤⑥⑦⑧⑨⑩⑪⑫（月份）

鳙鱼简介：鳙鱼是中国著名四大家鱼之一，在所有的江河湖泊中都有。它的形状像鲢鱼，颜色呈黑色，头大，味道不如鲢鱼好。

别名：大头鱼、胖头鱼、黑鲢、花鲢

性味归经：性温，味甘，归胃经。

营养成分：含蛋白质、维生素C、维生素B_2、钙、磷、铁、磷脂等。

购买鳙鱼的时候，一般选择鱼鳃盖圆润饱满的。眼睛略凸，眼球黑白分明的是新鲜的鳙鱼。尾部自然平滑不下垂的是新鲜的鳙鱼。

1. 鳙鱼肉富含磷脂及脑垂体后叶素，可益智、助记忆、延缓衰老。
2. 鳙鱼肉属于高蛋白、低脂肪、低胆固醇食品，对心血管系统有保护作用。
3. 鳙鱼含有人体所需的鱼油，而鱼油中富含不饱和脂肪酸，可以起到改善大脑机能的作用。

安全处理

清洗：鳙鱼可采取剖腹清洗法处理。将鱼鳞刮除，洗干净。在尾部斜开一个刀口，将鱼身片开，鱼头劈开。用手清除内脏，用刀将黑膜刮除，挖出鱼鳃，再将鳙鱼冲洗干净即可。

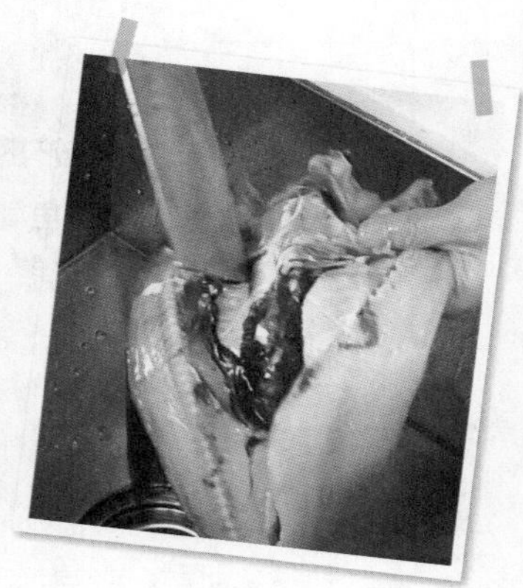

正确保存

冰箱冷藏法：宰杀，清洗干净后擦干水分，用保鲜袋包好，放入冰箱冷藏，可保存一两天。

冰箱冷冻法：宰杀，清洗干净后擦干水分，用保鲜袋包好，放入冰箱冷冻，可保存一两个月，但味道不如新鲜的好。

美味菜谱

番茄薯仔大头鱼尾汤

• 烹饪时间：140分钟　• 功效：延缓衰老

原料　番茄块100克，大头鱼鱼尾250克，土豆块150克，姜片少许，高汤适量

调料　盐、食用油各适量

做法　1.炒锅倒油烧热，放入姜片爆香，加入鱼尾，煎出香味，倒入适量高汤煮沸，取出煮好的鱼尾，装入鱼袋，扎好。2.炒锅内的汤水倒入砂锅中，煮沸，放入鱼尾、土豆块、番茄块，煮15分钟后转中火煮2小时，加入少许盐调味，搅拌均匀至食材入味，装入碗中即可。

鲫鱼

热　量： 105千卡/100克

盛产期： 1 2 3 4 5 6 7 8 9 10 11 12（月份）

鲫鱼简介： 鲫鱼是主要以植物为食的杂食性鱼，喜群集而行，择食而居。肉质细嫩，肉味甜美，营养价值很高。

别名： 河鲫、鲋鱼、喜头、鲫瓜子

性味归经： 性平，味甘，归脾、胃、大肠经。

营养成分： 含蛋白质、脂肪、磷、钙、铁，维生素A、B族维生素、维生素D、维生素E、卵磷脂等。

新鲜的鲫鱼，其眼睛是凸的，并且眼球黑白分明，以体色青灰、体形健壮的为佳。买活鲫鱼时，看鱼在水内的游动情况，新鲜的鱼一般都游于水的下层，游动状态正常，没有身斜现象。

1. 鲫鱼肉富含不饱和脂肪酸，能预防心血管疾病。
2. 鲫鱼肉中钙、磷、铁含量高，有益于强化骨质，预防贫血。
3. 鲫鱼肉属于催乳补品，吃鲫鱼可以让产妇乳汁充盈。

安全处理

清洗：从市场上买回的鲫鱼，可采取剖腹清洗法处理。从尾部开始，逆着鱼鳞刮除，再把鳃丝清除掉。鱼腹剖开，注意进刀不要太深，以免割破鱼鳔。将内脏清理干净，再洗净即可。

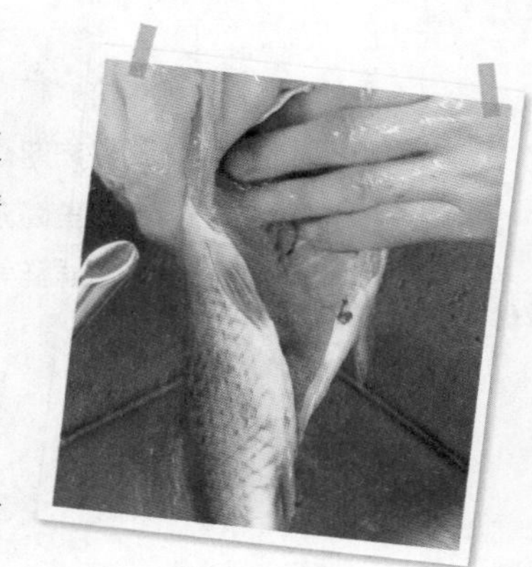

正确保存

水养保鲜法：活鲫鱼可直接放入水盆中，每天换水，可以存活两周左右。

冰箱冷冻法：清洗收拾干净后，将鱼放入保鲜袋内，再放入冰箱冷冻，可保存一两个月。

美味菜谱

鲫鱼苦瓜汤

• 烹饪时间：7分钟　• 功效：健脾止泻

原料　净鲫鱼400克，苦瓜150克，姜片少许

调料　盐2克，鸡粉少许，料酒3毫升，食用油适量

做法　1.将苦瓜对半切开，去瓤，再切成片。用油起锅，放入姜片，爆香，再放入鲫鱼，煎至两面断生。2.淋上少许料酒，再注入适量清水，加入鸡粉、盐，放入苦瓜片。3.盖上锅盖，用大火煮约4分钟，搅动几下，盛出煮好的苦瓜汤即可。

鳜鱼

热　量： 117千卡/100克

盛产期： 1 2 3 4 5 6 7 8 9 10 11 12（月份）

鳜鱼简介： 中国特产的一种食用淡水鱼，分布于各地淡水河湖中，肉质鲜美，无小刺。

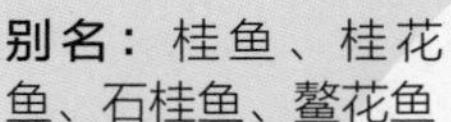

性味归经： 性平，味甘，归脾、胃经。

营养成分： 含蛋白质、脂肪、维生素B_1、维生素B_2、胡萝卜素、烟酸、钙、钾、镁、硒等。

新鲜鳜鱼，肉质坚实有弹性，手指压后凹陷能立即恢复。不新鲜的鱼，肌肉稍显松软，手指压后凹陷不能立即恢复。其次，新鲜鳜鱼眼睛澄清明亮，眼球凸出且黑白分明。此外，新鲜的鳜鱼鱼嘴微闭但很容易掰开，腹部正常、不膨胀，鳞片光亮完整，微透明。

1. 鳜鱼肉富含硒，能预防癌症，抗衰老。
2. 中医认为，鳜鱼肉味甘、性平、无毒，具有补气血、益脾胃的滋补功效。
3. 鳜鱼肉的热量不高，而且富含抗氧化成分，对怕肥胖的女士来说是极佳的选择。

安全处理

清洗：鳜鱼清洗可采取剖腹清洗法，用刀从鱼尾向鱼头将鱼鳞刮除，剖开鱼腹，切开鱼头，将鱼鳃清除掉，用手将内脏摘除，再将鳜鱼放在流水下冲洗干净，沥干水分即可。

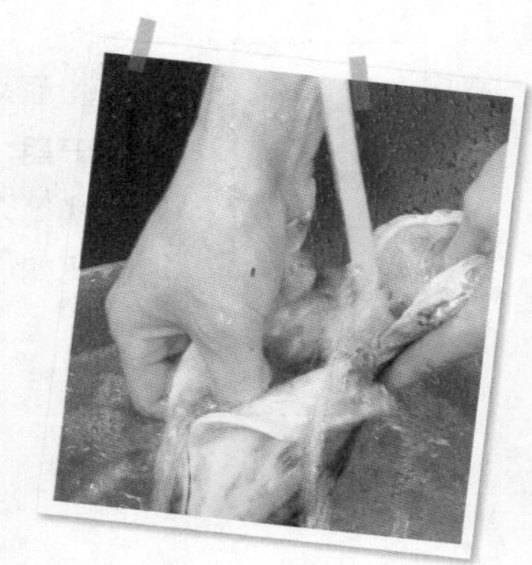

正确保存

冰箱冷冻法：将新鲜鳜鱼洗净，切成小块，用保鲜袋封好，再放冰箱冷冻，可保存一两个月，但还是建议尽快食用。

冰箱冷藏法：将新鲜鳜鱼洗净，切成小块，用保鲜袋封好，再放冰箱冷藏，可保存一两天。

美味菜谱

珊瑚鳜鱼

• 烹饪时间：5分钟　• 功效：增强免疫力

原料　鳜鱼500克，蒜末、葱花各少许

调料　番茄酱15克，白醋5毫升，白糖2克，水淀粉4毫升，生粉、食用油各适量

做法　1.鳜鱼剁去头尾，去骨留肉，在鱼肉上打上麦穗花刀。2.热锅注油烧热，放入两面沾上生粉的鱼肉，炸至金黄色，捞出。3.将鱼的头尾蘸上生粉，也放入油锅炸成金黄色，捞出；锅底留油，爆香蒜末。4.倒入番茄酱、白醋、白糖、水淀粉，搅成酱汁，浇在鱼身上，撒葱花即可。

银鱼

热　量： 407千卡/100克

盛产期： 1 2 3 4 5 6 7 8 9 10 11 12（月份）

银鱼简介： 银鱼是“长江四鲜”之一，体长略圆，肉质细嫩透明，色泽如银，因而得名。它味道鲜美，富含钙质。

别名： 冰鱼、玻璃鱼、面条鱼、面丈鱼

性味归经： 性平，味甘，归脾、胃、肺经。

营养成分： 含蛋白质、脂肪、钙、磷、铁、维生素B_1、维生素B_2、烟酸等。

新鲜的银鱼，身体较柔软，肉质较厚，并且微微透明，有光泽。较为新鲜的并被加热后的银鱼呈“L”形。银鱼在不同的环境下生长，颜色会略微有所不同，但是对味道没有什么影响。

1. 银鱼蛋白质含量高，氨基酸丰富，具有补肾增阳、祛虚活血、益脾润肺等功效。
2. 银鱼肉富含钙，可以强健骨质，预防骨质疏松。

安全处理

清洗：银鱼通体无鳞，一向作为整体性食物应用，即内脏、头、翅等均不去掉。可先准备一小盆清水，把银鱼倒进去，然后用手轻轻搅拌让脏东西沉淀，接着用滤网把小鱼捞起即可。

正确保存

冰箱冷藏法：新鲜银鱼用清水洗净后，擦干表面水分，放入保鲜袋内，放入冰箱冷藏可以保存一两天。

腌制密封法：新鲜银鱼放在小坛子里，撒上盐，密封，可保存较长时间。

晒干保存法：新鲜银鱼经暴晒制成银鱼干，可以长期保存。

美味菜谱 银鱼炒蛋

• 烹饪时间：2分钟　• 功效：增强免疫力

原料 鸡蛋3个，水发银鱼50克，葱花少许

调料 盐、白糖、胡椒粉、食用油各适量

做法 1.把鸡蛋打入碗中，加少许盐、白糖，搅散，放入银鱼，顺时针拌匀。2.热锅注入适量食用油，烧至四成热，倒入蛋液，摊匀，铺开，转中小火，炒至熟。3.放入葱花，撒上胡椒粉，拌炒匀，出锅盛入盘中即成。

鲤鱼

热　量：115千卡/100克

盛产期：①②③④⑤⑥⑦⑧⑨⑩⑪⑫（月份）

鲤鱼简介：鲤鱼是原产亚洲的温带性淡水鱼，喜欢生活在平原上的暖和湖泊里，或水流缓慢的河川里。

别名：鲤拐子、鲤子

性味归经：性平，味甘，归脾、肾、胃、胆经。

营养成分：含蛋白质、脂肪、维生素A、维生素B_1、维生素B_2、维生素C等。

新鲜鲤鱼的鳃片鲜红带血，清洁、无黏液、无腐臭，鳃盖紧闭。最好购买鱼体呈纺锤形，颜色为青黄色的，这样的鱼肉质较好。此外，还应购买游在水的下层，呼吸时鳃盖起伏均匀，生命力旺盛的鲤鱼。

1. 鲤鱼中蛋白质含量高，氨基酸组成与人体需求相近，易于被人体吸收。
2. 鲤鱼肉富含不饱和脂肪酸，能在一定程度上预防心血管疾病。
3. 中医认为，鲤鱼肉性平味甘，能健脾开胃、消肿利尿、止咳润肺、安胎通乳、清热解毒。

安全处理

清洗：将鲤鱼的鱼鳞刮去，用清水将鱼鳞冲洗掉。去掉鱼鳃，将鱼腹剖开，把鱼的内脏清理干净，最后将鱼用清水冲洗干净即可。

正确保存

冰箱冷藏法：将鲤鱼宰杀，处理干净后擦干水分，用保鲜袋包好，放入冰箱冷藏，可保存一两天。

冰箱冷冻法：将鲤鱼宰杀，处理干净后擦干水分，用保鲜袋包好，放入冰箱冷冻，可保存一两个月，但是味道不如新鲜的好，建议尽早食用。

美味菜谱

糖醋鲤鱼

• 烹饪时间：3分钟　• 功效：开胃消食

原料　鲤鱼550克，蒜末、葱丝各少许

调料　盐2克，白糖6克，白醋10毫升，番茄酱、水淀粉、生粉、食用油各适量

做法　1.鲤鱼处理干净后切上花刀，备用。2.热锅注油，烧至五六成热，将鲤鱼滚上生粉，放入锅，炸至两面熟透，捞出。3.锅留油爆香蒜末，注入少许清水，加盐、白醋、白糖，拌匀，加番茄酱、适量水淀粉，拌匀，浇在鱼上，点缀上葱丝即可。

鲇鱼

热　量： 103千卡/100克

盛产期： 1 2 3 4 5 6 7 8 9 10 11 12（月份）

鲇鱼简介： 鲇鱼周身无鳞，身体表面多黏液，头扁口阔，上下颌有四根胡须。鲇鱼的最佳食用季节在仲春和仲夏之间。

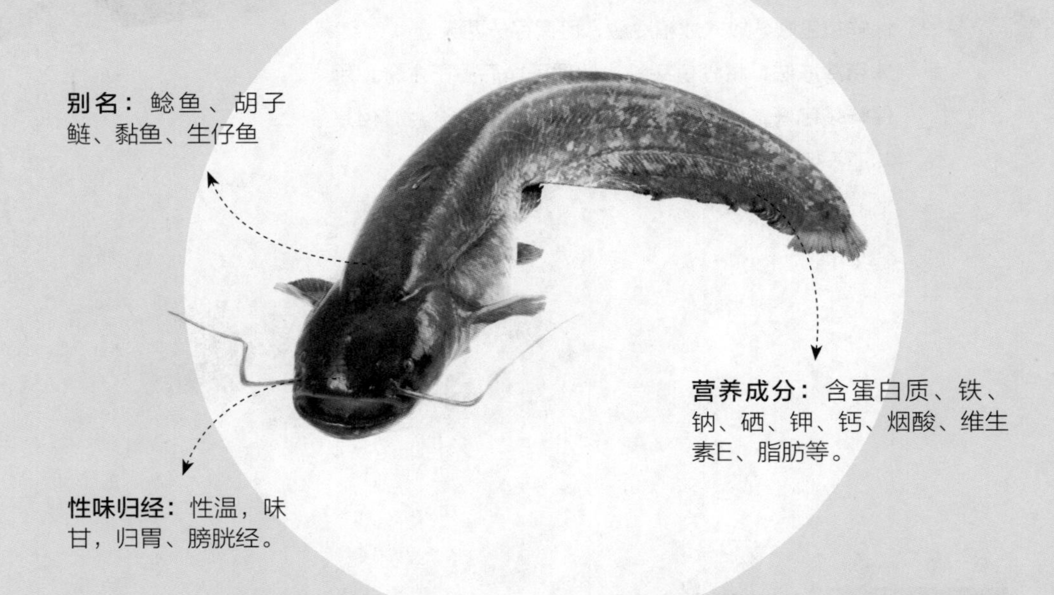

别名： 鲶鱼、胡子鲢、黏鱼、生仔鱼

营养成分： 含蛋白质、铁、钠、硒、钾、钙、烟酸、维生素E、脂肪等。

性味归经： 性温，味甘，归胃、膀胱经。

野生的鲇鱼营养价值更高，口感也更好。最好购买牙黄色身上有花斑的鲇鱼，这种鲇鱼的腥味比较淡。纯野生的鲇鱼尾巴一般呈刀状，而非野生的鲇鱼尾巴则呈扇形。

1. 鲇鱼肉质细嫩，含有的蛋白质和脂肪较多，对体弱虚损、营养不良者有较好的食疗作用。

2. 鲇鱼是催乳的佳品，并有滋阴养血、补中气、开胃、利尿的作用，是妇女产后食疗滋补的必选食物。

安全处理

清洗：将鲇鱼放入盆里，加入适量的食盐、生粉、白醋，用手揉搓鲇鱼，冲洗干净。用刀将鲇鱼腹部剖开，用手挖出内脏、鱼鳃，将鲇鱼冲洗干净，沥干水分即可。

正确保存

冰箱冷藏法：宰杀，清洗干净后擦干水分，用保鲜袋包好，放入冰箱冷藏，可保存一两天。

冰箱冷冻法：宰杀，清洗干净后擦干水分，用保鲜袋包好，放入冰箱冷冻，可保存一两个月，但味道不如新鲜的好。

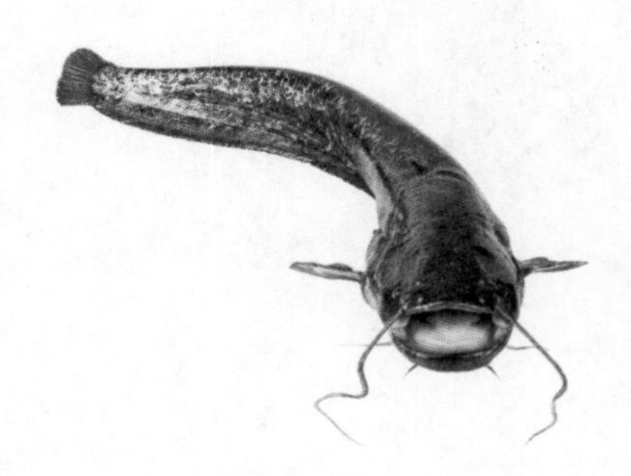

美味菜谱

蒜头鲇鱼

• 烹饪时间：17分钟　• 功效：增强免疫力

原料　鲇鱼750克，蒜头50克，豆瓣酱10克，葱花、姜片、蒜末、高汤各适量

调料　盐、白糖各2克，生抽、料酒各6毫升，水淀粉、辣椒油、食用油各适量

做法　1.在鲇鱼背面切开但不切断。2.用油起锅，放入蒜头、姜片、蒜末、豆瓣酱炒香，倒入高汤、鲇鱼，加盐、白糖、生抽、料酒，焖12分钟，捞出鲇鱼，摆盘，放入蒜头。3.汤汁中加入水淀粉，淋入辣椒油，搅匀，浇在鲇鱼上，撒上葱花即可。

鲳鱼

热　量：133千卡/100克

盛产期：①②③④⑤⑥⑦⑧⑨⑩⑪⑫（月份）

鲳鱼简介：鲳鱼是一种身体扁平的海鱼，因其刺少肉嫩，故很受人们喜爱，主妇们也很乐意烹食。

别名：银鲳、镜鱼、平鱼

性味归经：性平，味甘，归胃经。

营养成分：富含优质的蛋白质（特别含人体必需的氨基酸）、不饱和脂肪酸，以及钙、磷、钾、镁和硒等。

新鲜的鲳鱼，鳞片完整，紧贴鱼身，鱼体坚挺，有光泽。眼球饱满，角膜透明。鳃丝呈紫红色或红色，清晰明亮。雌者体大，肉厚；雄者体小，肉薄。建议买雌鱼。此外，肉质致密、手触弹性好的为新鲜鲳鱼，品质优良。

1. 鲳鱼肉富含不饱和脂肪酸，有降低胆固醇的功效。
2. 鲳鱼富含硒和镁，可预防冠状动脉硬化等心血管疾病，延缓机体衰老，预防癌症。
3. 鲳鱼肉具有益气养血、柔筋利骨的功效，对消化不良、贫血、筋骨酸痛等有很好的辅助疗效。

安全处理

清洗：刮去鲳鱼两面的鳞片及鱼鳃。在鱼鳃附近纵切一道口子，从切口开始，将鱼腹划开，开始清理鱼腹，洗干净，即可改刀烹饪。

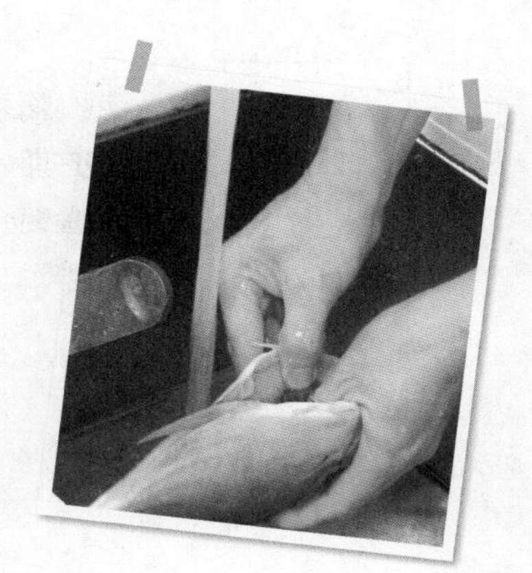

冰箱冷藏法：将鱼宰杀，清洗干净后擦干水分，用保鲜袋包好，放入冰箱冷藏，一般可保存一两天。

冰箱冷冻法：宰杀，清洗干净后，擦干水分，用保鲜袋包好，放入冰箱冷冻，可保存一两个月，但味道不如新鲜的好。

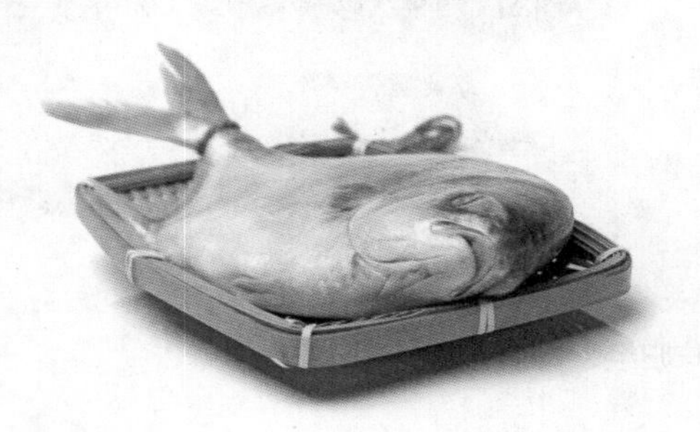

美味菜谱

孜然煎银鲳鱼

• 烹饪时间：8分钟　　• 功效：益气补血

原料　银鲳鱼430克，香菜3克，辣椒粉2克，孜然粉2克，生抽10毫升

调料　盐3克，胡椒粉3克，生粉3克，料酒3毫升，食用油适量

做法　1.银鲳鱼切成段。2.银鲳鱼段装入碗中，放入盐、料酒，加入生抽、胡椒粉、生粉，拌匀腌渍。3.热锅注油烧热，放入腌好的鱼块，煎出香味，撒上辣椒粉、孜然粉，稍稍晃动锅将鱼块煎入味。4.将鱼块盛出装盘，撒上香菜即可。

鲅鱼

热　量：121千卡/100克

盛产期：①②③④⑤⑥⑦⑧⑨⑩⑪⑫（月份）

鲅鱼简介：鲅鱼分布于北太平洋西部，以中上层小鱼为食，夏秋季结群洄游，秋汛常成群索饵于沿岸岛屿及岩礁附近，为北方经济鱼之一。

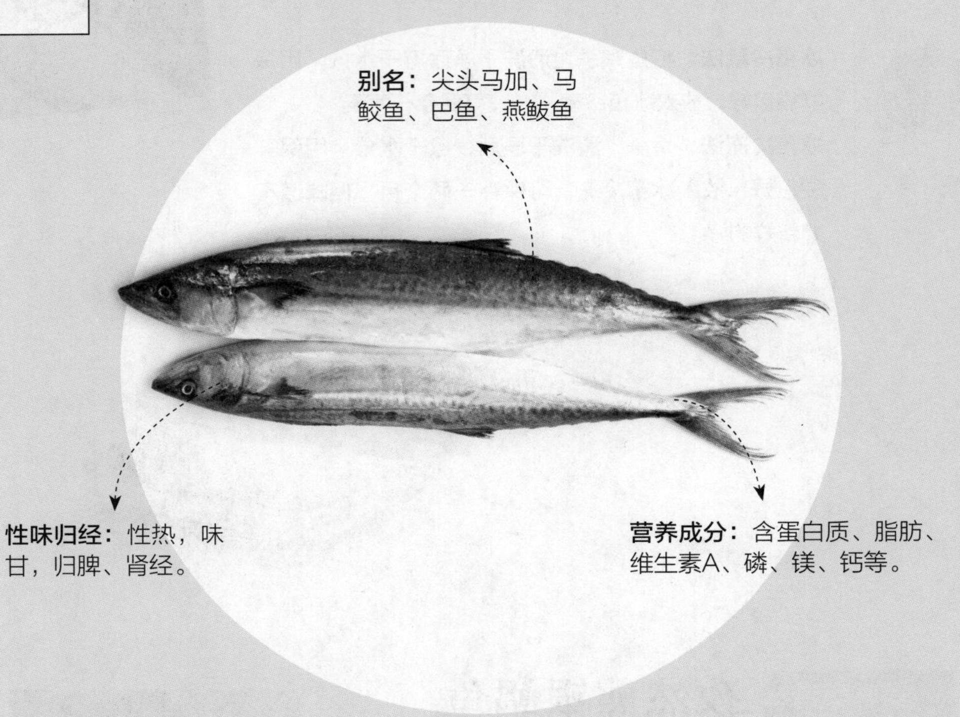

别名：尖头马加、马鲛鱼、巴鱼、燕鲅鱼

性味归经：性热，味甘，归脾、肾经。

营养成分：含蛋白质、脂肪、维生素A、磷、镁、钙等。

选购鲅鱼尽量挑选鱼皮完整紧实的，这种较新鲜，可存储时间稍微长些。鲜鲅鱼的肚子很有弹性，手指一按就会立刻恢复原状。新捕捞上来的鲅鱼，鱼眼湿润明亮，不会凹凸或者干瘪。

1. 鲅鱼富含维生素 A，可以预防夜盲症及视力衰退。
2. 鲅鱼肉富含钙，能强健骨骼，预防骨质疏松。
3. 中医认为，鲅鱼有补气、平咳作用，对体弱咳喘者有一定疗效。

安全处理

清洗：从市场上买回的鲅鱼，先简单冲洗一下，切开鱼腹，将鱼的内脏清理干净，再去除两边鱼鳃的鳃丝，刮去鱼腹内的黑膜，用清水冲洗干净即可。

正确保存

冰箱冷藏保存法：鱼的内脏最容易腐烂，所以我们必须先将鲅鱼处理干净，然后按照烹饪需要，分割成鱼头、鱼身和鱼尾等部分，抹干表面水分，分别装入保鲜袋，放入冰箱保存。一般冷藏保存，必须在两天之内食用完。

冰箱冷冻保存法：将鲅鱼处理干净，然后按照烹饪需要，分割成鱼头、鱼身和鱼尾等部分，抹干表面水分，分别装入保鲜袋，放入冰箱冷冻保存，可保持一两个月内不变质。

美味菜谱

五香鲅鱼

• 烹饪时间：2分钟　• 功效：增强免疫力

原料　鲅鱼块500克，面包糠15克，蛋黄20克，香葱、姜片各少许

调料　五香粉5克，盐2克，生抽4毫升，鸡粉2克，料酒10毫升，食用油适量

做法　1.鲅鱼块加入五香粉、姜片、香葱、盐、生抽、鸡粉、料酒，腌渍。2.拣出香葱，倒入蛋黄，搅拌均匀。3.锅中倒油烧热，将鱼块裹上面包糠，放入油锅中，炸至金黄色，捞出即可。

带鱼

热　量： 132千卡/100克

盛产期： ①②③④⑤⑥⑦⑧⑨⑩⑪⑫（月份）

带鱼简介： 带鱼肉多且细，脂肪较多且集中于体外层，味鲜美，刺较少。我国沿海均产，以东海产量最高，南海产量较低。

别名： 刀鱼、裙带鱼、牙带、白带鱼

性味归经： 性温，味甘，归肝、脾经。

营养成分： 含丰富蛋白质、脂肪、鸟嘌呤、镁、硒、钙、碘、维生素B_1、维生素B_2等。

食材选购

如果带鱼鳞片完整，脊背上的鳍受损较少，是较为新鲜的带鱼。带鱼鱼身呈灰白色或银灰色是新鲜度较高的带鱼，可以购买。

营养功效

1. 带鱼肉富含不饱和脂肪酸，能预防心血管疾病。
2. 带鱼肉富含硒，有防癌抗癌的功效。
3. 带鱼含 DHA、EPA，有助于儿童脑部发育，可以提高智力。
4. 带鱼肉中含有 6－硫代鸟嘌呤，可以辅助治疗白血病。

安全处理

清洗：从市场上买回的带鱼，可采取汆烫清洗法处理。将带鱼洗净，烧一锅开水，放入带鱼，烫约45秒钟，捞出，放入装有清水的盆内，搓洗净白膜。用剪刀将鱼肚剪开，把里面的内脏和黑膜清理干净，剪去鱼头、鱼鳍、尾部，冲洗干净即可。

正确保存

冰箱冷冻保存法：将带鱼清洗干净，擦干，剁成大块，抹上一些盐和料酒，再放到冰箱冷冻，这样就可以长时间保存，并且还能腌渍入味。建议用冰块封存，温度控制在 -7 ~ 0℃，温度太低会破坏带鱼的营养结构，太高了冰块会融化。

美味菜谱

糖醋带鱼

• 烹饪时间：3分钟　• 功效：防癌抗癌

原料　带鱼200克，蛋黄30克，青椒片、红椒片各15克，蒜末10克

调料　番茄汁15克，盐、白糖、料酒、白醋、生粉、食用油各适量

做法　1.带鱼切段；取碗，放入白醋、白糖、番茄汁、盐，调成糖醋汁。2.带鱼用盐、料酒、生粉腌渍。3.热锅注油烧热，倒入带鱼段，炸至断生，下青椒片、红椒片，炸后捞出。4.锅留油，爆香蒜末，注入清水、糖醋汁煮沸，倒入炸过的食材炒匀即可。

石斑鱼

热　量： 92千卡/100克

盛产期： ①②③④⑤⑥⑦⑧⑨⑩⑪⑫（月份）

石斑鱼简介： 石斑鱼为暖水性的大中型海产鱼类。营养丰富，肉质细嫩洁白，类似鸡肉，素有“海鸡肉”之称。

别名： 石斑、鲙鱼、过鱼

性味归经： 性平，味甘，归脾、胃经。

营养成分： 富含蛋白质（特别是人体必需的氨基酸）、维生素A、维生素D、钙、磷、钾等。

食材选购

新鲜石斑鱼鱼体光滑、透明，无病斑，无鱼鳞脱落，体表有光泽。新鲜石斑鱼有一种天然的鱼腥味，没有臭味。新鲜石斑鱼，眼睛明亮、清晰。

营养功效

1. 石斑鱼肉中富含钙和维生素 D，能预防骨质疏松。
2. 石斑鱼的鱼皮胶质可促使上皮组织完整生长，促进胶原细胞合成。
3. 石斑鱼含虾青素，能促进合成有防衰老功能的抗氧化剂，所以石斑鱼有“美容护肤之鱼”的称号。

安全处理

清洗：从市场上买回的石斑鱼，用刀刮去鱼身上的鳞片，冲洗一下，将鱼腹剖开，用手将鱼的内脏取出，再用清水冲洗干净即可。

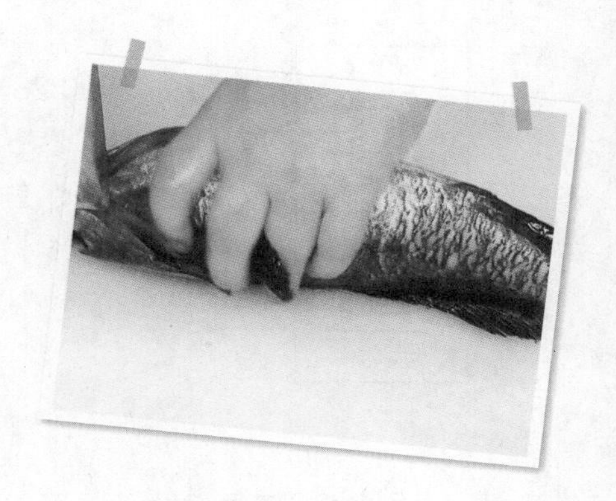

正确保存

冰箱冷藏法：宰杀后去掉内脏、鳞，洗净沥干后，分成小段，分别用保鲜袋或塑料食品袋包装好，放入冰箱冷藏，可保存一两天。

冰箱冷冻法：去掉内脏、鳞，洗净沥干后，分成小段，分别用保鲜袋或塑料食品袋包装好，放入冰箱冷冻，可保存一两个月不变质。

美味菜谱

孜然石斑鱼排

• 烹饪时间：4分钟　• 功效：美容养颜

原料　石斑鱼肉200克，孜然10克，青椒粒、红椒粒、姜末、葱花、熟白芝麻各少许

调料　盐2克，料酒5毫升，食用油适量

做法　1.石斑鱼肉去除鱼皮，切片，再切上花刀，加入少许盐、料酒、孜然，拌匀，腌渍。2.煎锅注油烧热，放入鱼片，铺平，煎出香味，翻面，再煎约2分钟。3.撒上姜末，放入红椒粒、青椒粒，放入适量孜然，煎一会儿，盛出，摆放在盘中，点缀上熟白芝麻和葱花即可。

鲑鱼

热　量： 228千卡/100克

盛产期： ①②③④⑤⑥⑦⑧⑨⑩⑪⑫（月份）

鲑鱼简介： 鲑鱼是一种生长在加拿大、挪威、日本和俄罗斯等高纬度地区的冷水鱼类，是西餐较常用的鱼类原料之一。

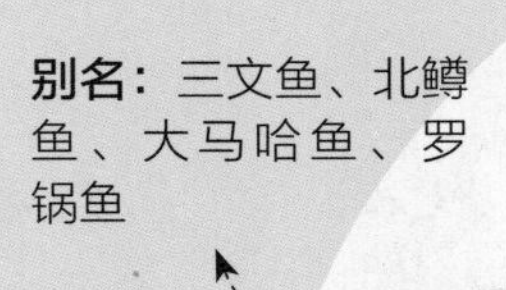

别名： 三文鱼、北鳟鱼、大马哈鱼、罗锅鱼

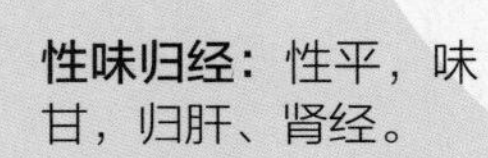

性味归经： 性平，味甘，归肝、肾经。

营养成分： 蛋白质、脂肪、维生素A、维生素D、维生素B_6、维生素B_{12}、维生素E、钙、磷、铁等。

食材选购

鱼肉呈深红色的是好的鲑鱼，因为鲑鱼的颜色会随着时间而渐渐变白。按压一下鱼肉，能马上恢复的就是时间放置较短的鲑鱼，适合购买。鱼肉上的年轮是指鱼筋，要挑选鱼筋清晰的。

营养功效

1. 鲑鱼富含 Ω-3 脂肪酸，可以预防动脉粥样硬化。
2. 富含维生素 E，有助孕的效果，可促进血液循环。
3. 鲑鱼富含钙和维生素 D，能预防骨质疏松。
4. 富含 DHA、EPA，可活化脑部；含有泛酸，可改善类风湿性关节炎。

安全处理

清洗：从超市买回的鲑鱼，一般是切成块的，可以采用纯净水冲洗法。切记不要用自来水冲洗，否则会改变鱼肉的味道。正确的做法是用纯净水进行冲洗，然后沥干，用厨房纸吸干表面油脂即可。

正确保存

冰箱冷藏法：放在0～4℃的冰箱中保存，食用前取出即可。

冰箱速冻法：可以保存在-20℃的冰柜里。要烹煮之前，将鲑鱼放在冷藏库中慢慢解冻，不要在室温下或用热水解冻，以免流失鲜味，影响肉质。

美味菜谱

鲑鱼泡菜铝箔烧

• 烹饪时间：15分钟　• 功效：防癌抗癌

原料　鲑鱼250克，韭菜段60克，泡菜、白洋葱丝、红椒丝、葱花、白芝麻各适量

调料　生抽5毫升，料酒5毫升，白胡椒粉2克，盐2克，辣椒酱、椰子油各适量

做法　1.鲑鱼斜刀切成片。2.碗中放入盐、白胡椒粉、料酒、生抽、辣椒酱、鲑鱼片、泡菜、韭菜段、白洋葱丝、椰子油拌匀。3.锡纸中倒入拌好的料，折成纸锅，放入锅，注入2厘米高的清水，焖12分钟，取出，撒上葱花、白芝麻、红椒丝即可。

鲈鱼

热　量： 105千卡/100克

盛产期： 1 2 3 4 5 6 7 8 9 10 11 12（月份）

鲈鱼简介： 鲈鱼为“四大名鱼”之一，主要分布于中国、朝鲜及日本。中国沿海均有分布。鲈鱼喜栖息于河口，亦可上溯江河淡水区。

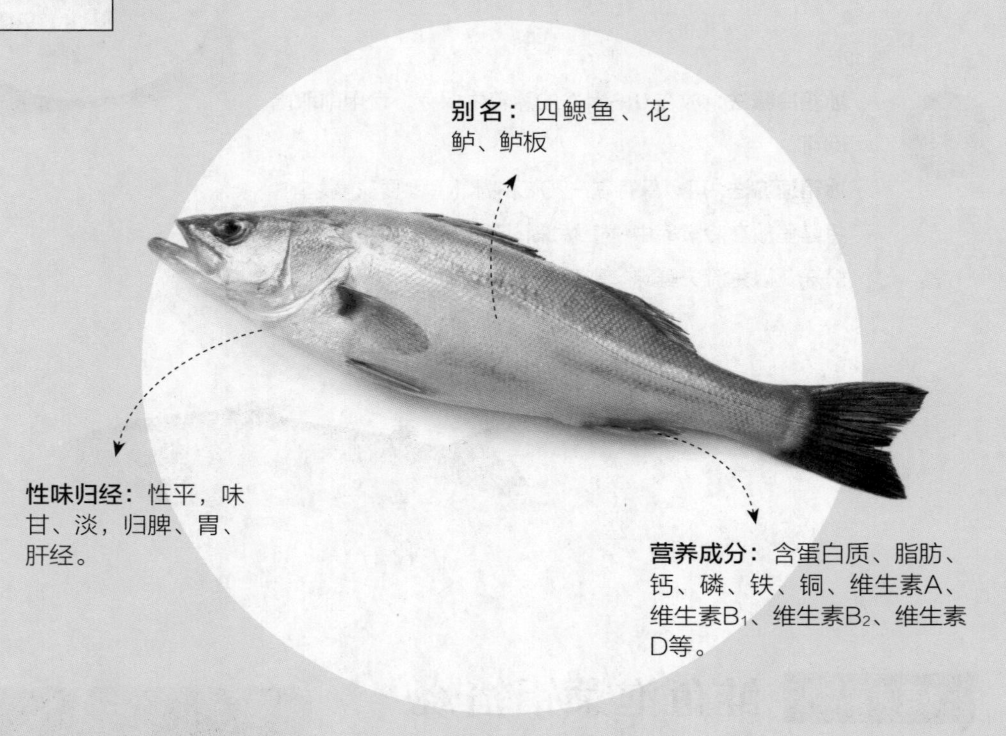

别名： 四鳃鱼、花鲈、鲈板

性味归经： 性平，味甘、淡，归脾、胃、肝经。

营养成分： 含蛋白质、脂肪、钙、磷、铁、铜、维生素A、维生素B_1、维生素B_2、维生素D等。

食材选购

上等鲈鱼鱼身呈青色，鱼鳞紧贴鱼身、有光，身形呈流线型，溜长圆润，大小以 750 克为好，太小没多少肉，太大肉质太粗糙。不要买尾巴呈红色的鲈鱼，因为尾巴是红色表明鱼身体有损伤。

营养功效

1. 鲈鱼肉富含不饱和脂肪酸，有助于预防和缓解心血管疾病。
2. 鲈鱼肉富含维生素 D，可预防骨质疏松。
3. 中医认为，鲈鱼肉能益肾安胎、健脾补气，可治胎动不安、生产少乳等症。

安全处理

清洗：从市场上买回的鲈鱼从鱼尾向鱼头将鱼鳞去除，洗净。用刀在肛门上方约1厘米处横切一刀，将两根筷子由鳃口伸入鱼腹中，转动筷子的同时朝外拉动，将鱼鳃和内脏绞出，将鱼放在水龙头下冲洗干净即可。

正确保存

冰箱冷藏法：去除内脏，清洗干净，擦干水分，用保鲜袋包好，放入冰箱冷藏，需在 2 天内食用完。

冰箱冷冻法：去除内脏，清洗干净，擦干水分，用保鲜袋包好，放入冰箱冷冻，则可保存一两个月，但味道不如新鲜的好。

美味菜谱

泰式青柠蒸鲈鱼

• 烹饪时间：20分钟　• 功效：益气补血

原料　鲈鱼 200 克，青柠汁 80 毫升，蒜末、青椒圈各 7 克，朝天椒圈 8 克，香菜、柠檬片各少许

调料　盐2克，鱼露、香草浓浆、食用油各适量

做法　1.鲈鱼两面划上数道一字花刀，撒盐，涂抹均匀，腌渍10分钟。2.将盘子放入电蒸锅，隔水蒸8分钟。3.青椒圈加朝天椒圈、蒜末、青柠汁、香草浓浆、鱼露、香菜，拌成调味汁。4.从蒸锅中取出蒸盘，淋上调味汁。5.热锅注油，烧热，将热油浇在鱼身上，摆上柠檬片即可。

比目鱼

热　量：78千卡/100克

盛产期：①②③④⑤⑥⑦⑧⑨⑩⑪⑫（月份）

比目鱼简介：比目鱼是名贵的海产。它的两只眼睛在同一边，眼睛在身体右侧的称为鲽，在左侧的称为鲆。

别名：鲽鱼、片口鱼、左口鱼、牙片

性味归经：性平，味甘，归肺经。

营养成分：含蛋白质、DHA、钙、磷、铁、维生素A、维生素D、维生素B_6等。

食材选购

新鲜的比目鱼，鱼体光滑，肉身肥厚，无病斑，无鱼鳞脱落。眼睛略凸，眼球黑白分明。鱼唇肉紧实，鳃盖紧闭的，鳃色鲜红或粉红；黏液较少，呈透明状，没有臭味，没有变色的比目鱼比较好。新鲜比目鱼，肉质坚实但有弹性，手指压后凹陷能立即恢复。不新鲜的比目鱼，肌肉稍显松软，手指压后凹陷不能立即恢复。

营养功效

1. 比目鱼肉富含 DHA，经常食用可增强智力。
2. 比目鱼肉所含的不饱和脂肪酸易被人体吸收，有助降低血中胆固醇，增强体质。
3. 比目鱼肉中蛋白质含量丰富，可为成年人补充蛋白质。
4. 比目鱼肉富含牛磺酸，可降低人体血压。

安全处理

清洗： 将比目鱼的鳞片用刀刮除，冲洗干净，将鱼腹切开，用手掏内脏，将内脏清理干净，将鱼放在流水下冲洗干净即可。

正确保存

冰箱冷藏法: 在清理干净的鱼身上抹一些盐和料酒，然后再放入冰箱，冷藏可保存 2 天。

冰箱冷冻法: 在清理干净的鱼身上抹一些盐和料酒，然后再放入冰箱，冷冻可保存一两个月。

美味菜谱

比目鱼蔬菜卷

• 烹饪时间：20分钟　• 功效：降低血压

原料　净比目鱼 1 条，金针菇 80 克，胡萝卜、豆角各适量

调料　盐2克，辣椒粉5克，食用油适量

做法　1.金针菇切去根部，入水浸泡2分钟，捞出；净比目鱼洗净，去骨，鱼肉切片。2.胡萝卜洗净，去皮，切成丝；豆角洗净，摘成段。3.鱼肉片上放上豆角、金针菇、胡萝卜丝，卷起，放入蒸锅，蒸15分钟取出。4.锅中注油烧热，放入盐、辣椒粉，炒匀，淋在比目鱼肉卷上即可。

鳕鱼

热　量：166千卡/100克

盛产期：①②③④⑤⑥⑦⑧⑨⑩⑪⑫（月份）

鳕鱼简介：鳕鱼是主要的食用鱼类之一，原产于从北欧至加拿大及美国东部的北大西洋寒冷水域，具有重要的经济价值。

别名：鳕狭、大口鱼、大头青、大头腥

性味归经：性平，味甘，归肝、肠经。

营养成分：含蛋白质、钙、磷、镁、铁、维生素A、维生素D、维生素B_1、维生素B_2、维生素C、维生素E等。

食材选购

质量好的鳕鱼肉质粗糙、纤维质较多，这点表现为加热后沿着筋可以将鱼肉分离。表面水汽不重的才是好的鳕鱼，不然鱼肉会发胀，味道差。此外，新鲜的生鳕鱼鱼肉较透明，颜色与樱花颜色相近。

营养功效

1. 鳕鱼肉富含不饱和脂肪酸，能降低胆固醇，预防心血管疾病。
2. 鳕鱼肉中含有丰富的镁元素，对心血管系统有很好的保护作用，有利于预防高血压、心肌梗死等疾病。
3. 鳕鱼含有儿童发育所必需的各种氨基酸，构成很合理，又容易被人体消化吸收，能促进儿童的生长发育。

安全处理

清洗：从市场上买回的鳕鱼，如果未经处理，可自己采取手撕清洗法处理。将鳕鱼放在流水下冲洗，用手将表皮撕干净，将鳕鱼冲洗干净，沥干水分即可。

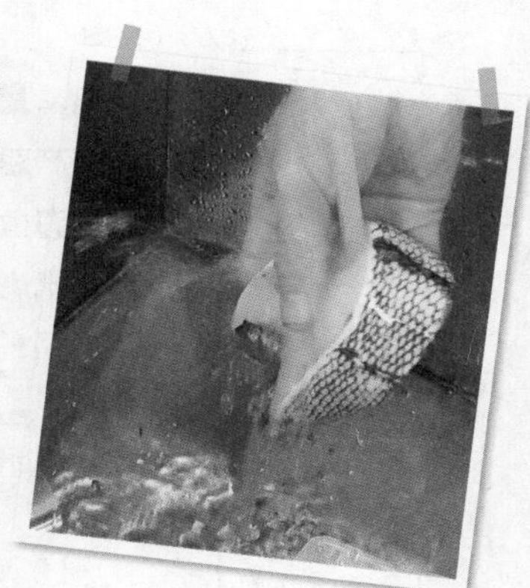

正确保存

鳕鱼保存时，把盐撒在鱼肉上，然后用保鲜袋包起来，放入冰箱冷冻室，这样不仅可以去腥，抑制细菌繁殖，而且能增添鳕鱼的美味，可以保存一两个月。

美味菜谱

生烤鳕鱼

• 烹饪时间：18分钟　• 功效：清热解毒

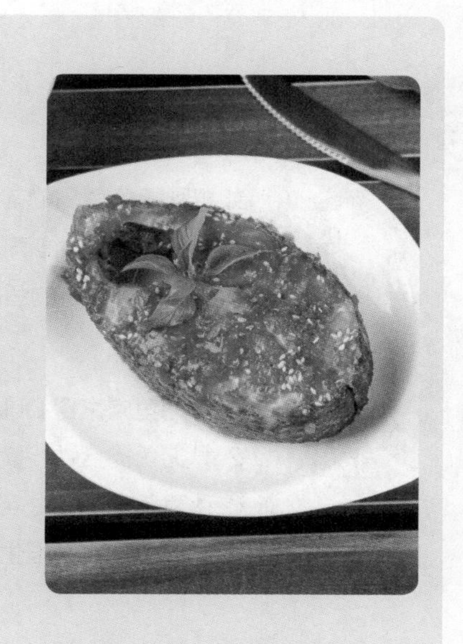

原料　鳕鱼 250 克，蒜蓉辣椒酱 20 克，熟白芝麻 5 克

调料　辣椒粉8克，孜然粉5克，食用油适量

做法　1.处理好的鳕鱼放在铺好锡纸的烤盘上。2.备好电烤箱，放入烤盘，将上下管温调至150℃，烤10分钟取出。3.往鳕鱼两面刷上食用油、蒜蓉辣椒酱、辣椒粉、熟白芝麻、孜然粉，然后放入电烤箱中。4.关上箱门，以150℃烤5分钟即可。

秋刀鱼

热　量： 314千卡/100克

盛产期： ①②③④⑤⑥⑦⑧⑨⑩⑪⑫（月份）

秋刀鱼简介： 日本最平民化的鱼种，到了秋天，家家户户几乎都会传出烤秋刀鱼的香味。它最常见的料理方式就是直接炭烤。

别名： 竹刀鱼

性味归经： 性平，味甘，归脾、胃经。

营养成分： 含有蛋白质、EPA、DHA，维生素A、维生素E、维生素B_{12}，铁、镁等。

食材选购

如果秋刀鱼鱼嘴的前端部位稍稍发黄，说明鱼肉肥厚，比较新鲜。挑选眼珠黑色明亮，水晶体饱满的秋刀鱼，如果鱼的眼睛偏黄浑浊，代表鱼已超过保鲜期。秋刀鱼腹部银色的鱼皮部分，越银白闪亮的越新鲜，适宜购买。

营养功效

1. 秋刀鱼肉富含 DHA、EPA，有助于脑部发育，预防记忆衰退。
2. 秋刀鱼肉含铁、镁，能预防动脉粥样硬化。
3. 秋刀鱼富含维生素A，可以强化视力，对学生和长期伏案工作的白领比较适合。
4. 秋刀鱼肉富含维生素 B_{12}，有预防贫血的效果。

安全处理

清洗： 用刀从秋刀鱼尾向头部将鱼鳞刮除，冲洗干净，剖开鱼腹，将鳃壳打开，摘除鱼的内脏，再把鱼鳃挖出，将黑膜冲洗掉，将鱼肉冲洗干净，沥干水分即可。

冰箱冷藏法： 将鱼用保鲜袋包好，放在冰箱冷藏室里，2 天内尽快烹饪。

冰箱冷冻法： 将鱼用保鲜袋包好，放在冰箱冷冻室里，则可以保存两个月甚至更久，但滋味与口感都会大打折扣。

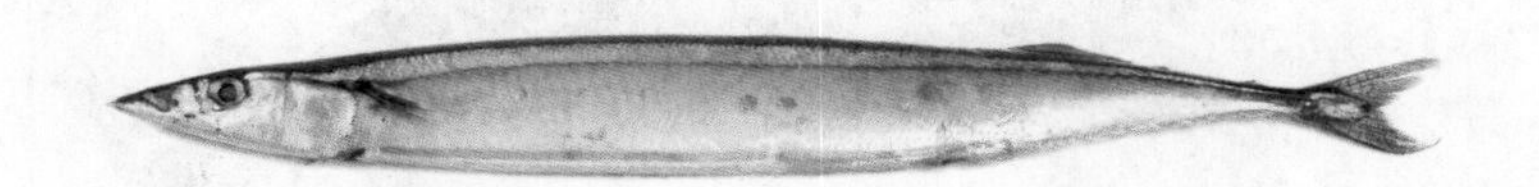

美味菜谱

辣椒酱牛蒡大秋刀鱼

• 烹饪时间：5分钟　　• 功效：增强免疫力

原料　牛蒡片 100 克，秋刀鱼 250 克，蒜末少许，生粉适量

调料　辣椒酱3克，盐、白醋、胡椒粉、生抽、料酒、椰子油、食用油各适量

做法　1.牛蒡片浸泡在白醋水中。2.秋刀鱼切去头尾，鱼身切小段；捞出泡好的牛蒡片加生粉拌匀。3.取碗，倒入椰子油、辣椒酱、生抽、料酒、蒜末，拌成调味汁。4.锅倒油烧热，放入秋刀鱼段，煎黄，倒入牛蒡片，加盐、胡椒粉、调味汁炒匀即可。

热　量： 98千卡/100克

盛产期： ①②③④⑤⑥⑦⑧⑨⑩⑪⑫（月份）

虾简介： 虾是一种生活在水中的长身动物，属节肢动物甲壳类，种类很多，包括青虾、河虾、草虾、小龙虾、对虾、明虾等。

别名： 虾米、河虾

性味归经： 性温，味甘、咸，归脾、肾经。

营养成分： 蛋白质、脂肪、糖类、B族维生素、钙、铁、碘、硒、甲壳素等。

新鲜的虾身体应该通体透明，有光泽。眼睛又圆又黑的虾比较有活力。此外，新鲜的虾头尾与身体紧密相连，虾身有一定的弯曲度。冻虾仁应挑选表面略带青灰色，手感饱满并富有弹性的。

1. 虾肉富含钙、磷，能强健骨质，预防骨质疏松。
2. 虾肉含有硒，可以有效预防癌症。
3. 虾肉含有一种特别的物质——虾青素，有助于消除因时差反应产生的“时差症”。
4. 虾肉还含有甲壳素，可抑制人体组织的不正常增生。

安全处理

清洗：从市场上买回的虾，可自己采取牙签去肠清洗法处理。用剪刀剪去虾须、虾脚、虾尾尖。在虾背部开一刀，用牙签挑虾线，将虾线挑干净，放在流水下冲洗，沥干水分即可。

正确保存

虾肉的保存：洒上少许酒，沥干水分，再放入冰箱冷冻。

活虾干法保存：把鲜虾从水中捞出，放入到黑色塑料袋中，多装几层塑料袋。再找些冰块，用塑料袋包好，一同放入装有鲜虾的袋中，将袋口封严并装入纸箱内。此法适用于短时少量保存，8小时以内虾不会变质。

美味菜谱

茶香香酥虾

• 烹饪时间：8分钟　• 功效：补钙

原料　鲜虾 1 包，乌龙茶 20 克，红椒、葱花、蒜末各适量

调料　盐2克，淀粉10克，食用油适量

做法　1.将鲜虾处理好；乌龙茶用开水冲泡，滤去茶汤，将茶叶倒入容器中，倒入淀粉，搅拌均匀；红椒切块。2.平底锅中注油烧热，倒入处理好的虾，中火将虾炸至红色，捞出。3.锅底留油烧热，倒入红椒块、葱花、蒜末，炒香，再放入茶叶、大虾，炒匀，调入盐，翻炒数下，关火即可。

蟹

热　量：139千卡/100克

盛产期：①②③④⑤⑥⑦⑧⑨⑩⑪⑫（月份）

蟹简介：蟹乃食中珍味，素有“一盘蟹，顶桌菜”的民谚。它不但味美，且营养丰富，是一种高蛋白食物。

别名：蝥毛蟹、梭子蟹、青蟹

性味归经：性寒，味咸，归肝、胃经。

营养成分：含蛋白质、脂肪、钙、磷、碘、胡萝卜素、维生素B_1、维生素B_2、甲壳素等。

食材选购

河蟹应该是活的，死的不能出售，但有的商贩将死河蟹冒充海蟹出售。两者的识别方法是，河蟹的背壳是圆形的，海蟹的背壳则呈棱形。将螃蟹翻转身来，腹部朝天，能迅速用腿弹转翻回的，活力强，可保存。腹部肚脐是圆的说明螃蟹为母的，这种螃蟹蟹黄较多，味道鲜美。

营养功效

1. 蟹肉富含钙，能强健骨质，预防骨质疏松。
2. 蟹一般含甲壳素，可抑制人体组织的不正常增生。
3. 蟹肉中含有碘，可以预防甲状腺肿大。
4. 蟹有清热解毒、补骨添髓、养筋接骨、活血祛痰、利湿退黄的功效。

安全处理

清洗：从市场上买回的蟹，如果未经处理，可自己采取开壳清洗法处理。用刀将蟹壳打开，刮除蟹壳里的脏物，然后放在水中泡一下，再将蟹清洗干净，捞出沥干水分即可。

正确保存

冰箱冷藏法：把螃蟹捆好，放在冷藏室里，最好是放水果的那层，把打湿的毛巾铺在螃蟹上面，不要拧太干，不要把毛巾叠起来铺。这样可以保存 2 天。

活水养殖法：把螃蟹放在水里养即可。如果螃蟹太瘦或想储养一下，可以给螃蟹喂些芝麻或打碎的鸡蛋并加些黄酒，可以催肥。用此法可以保存久一些。

美味菜谱 芙蓉白玉蟹

• 烹饪时间：8分钟 • 功效：增强免疫力

原料 花蟹 100 克，黄瓜、蛋清、莲子各适量

调料 盐3克，鸡粉1克，食用油适量

做法 1.黄瓜洗净切丁；蛋清中加入1克盐拌匀。2.用油起锅，倒入搅匀的蛋清，炒约30秒至蛋清变白，盛出。3.洗净的锅中注油烧热，放入处理干净的花蟹，翻炒数下，加入莲子、黄瓜丁，炒匀。4.注入约60毫升清水，搅匀，加入2克盐，焖3分钟，放入炒好的蛋白，加入鸡粉，翻炒均匀，盛出菜肴，装盘即可。

蛏子

热　量： 40千卡/100克

盛产期： 1 2 3 4 5 6 7 8 9 10 11 12（月份）

蛏子简介： 蛏子，属软体动物。贝壳脆而薄，呈长扁方形，自壳顶腹缘，有一道斜行的凹沟。

别名： 缢蛏、竹蛏、大竹蛏

性味归经： 性寒，味甘、咸，归心、肝、肾经。

营养成分： 含丰富蛋白质、钙、铁、硒、维生素A等营养元素。

食材选购

买蛏子的时候最好用手触摸一下蛏子，能自由开合的新鲜。肉要色泽淡黄，外壳最好选择金黄色的，这种蛏子新鲜又好吃。蛏子表面要光滑，不能有沙子，否则壳里也会有很多沙子。

营养功效

1. 蛏肉含丰富蛋白质、钙、铁、硒、维生素 A 等营养元素，滋味鲜美，营养价值高，具有补虚的功能。
2. 蛏肉味甘、咸、性寒，用于烦热痢疾，壳可用于胃病、咽喉肿痛的食疗。
3. 蛏肉入心、肝、肾经，具有补阴、清热、除烦、解酒毒等功效，对产后虚损、烦热口渴、湿热水肿、痢疾、醉酒等有一定食疗作用。

安全处理

清洗：从市场上买回的蛏子有大量泥沙，可采取油盐清洗法处理。将活的蛏子放在大碗中，撒上适量盐，注入少许油、适量清水，抓洗片刻，静置 20 分钟。将蛏子滤出，逐个剥开，冲洗两三次。锅中加半锅清水，烧开，将蛏子放入沸水中汆烫一会儿，捞起后沥干即可。

正确保存

清水静养法：蛏子买回家后，放在清水中浸泡，反复换水，可保持半天至一天鲜活状态。

冰箱冷冻法：如果需要保存较长时间，则要在蛏子死之前将其装进保鲜袋，放入冰箱冷冻室，一般可以保证3天内鲜度不失。

美味菜谱

雪菜汁蒸蛏子

• 烹饪时间：22分钟　　• 功效：清热解毒

原料　蛏子 400 克，雪菜汁 160 毫升

做法　1.取一个蒸碗，放入处理干净的蛏子，摆放整齐。2.再倒入适量雪菜汁，至三四分满，备用。3.蒸锅上火烧开，放入蒸碗，盖上盖，用中火蒸约20分钟，至食材熟透。4.关火后揭盖，取出蒸碗，待稍微放凉后即可食用。

蛤蜊

热　量：62千卡/100克

盛产期：①②③④⑤⑥⑦⑧⑨⑩⑪⑫（月份）

蛤蜊简介：蛤蜊的两扇贝壳不大，近于卵圆形，表面有互相交织的同心和放射状的肋以及各色花纹，被称为“天下第一鲜”。

别名：文蛤、花蛤

性味归经：性寒，味咸，归肺、肾经。

营养成分：含有蛋白质、维生素、脂肪、糖类、铁、钙、磷、碘等多种营养成分。

如果蛤蜊是在静水里养着，就买张嘴的，碰一下会自己合上的，表示还活着。将水搅动一下，立即将壳闭上的蛤蜊，就表示是活的。如果动作迟缓无力，或者毫无反应，则是死的蛤蜊，不宜购买。

1. 蛤蜊的钙质含量高，是不错的钙质源，有利于儿童的骨骼发育。
2. 蛤蜊肉中的维生素 B_{12} 含量也很高，这种成分可影响血液代谢，对贫血的抑制有一定作用。
3. 蛤蜊里的牛磺酸，可以帮助胆汁合成，有助于胆固醇代谢，还能抗痉挛、抑制焦虑。

安全处理

食盐清洗法：将蛤蜊放在盆里，加入适量盐，用手抓洗蛤蜊，把蛤蜊捞起来，放在流水下冲洗，再沥干水分即可。

手抓清洗法：把蛤蜊放进大碗中，注入少许清水，用手抓洗一会儿，蛤蜊会吐出不少泥沙，将蛤蜊拣出来。将刀插入两片壳的缝隙中，将蛤蜊壳撑开，露出蛤蜊肉，装碗即可。

正确保存

吐沙冷藏法：蛤俐买回来首先要放在盆子里，放点水，让蛤蜊吐泥。放的时间，冬天可以比较久，夏天最好不要超过一天。等它吐完泥，捞出冲洗，沥干后装在冰箱保鲜室里，这样可以放 3 天左右。

盐水冷藏法：取一碗盐水，分量以能盖过蛤蜊为准，将蛤蜊置于其中使其吐完沙后，再置于冰箱保鲜室中。注意要经常更换盐水且不要冰过头，这样能保存 3 天左右。

美味菜谱

辣拌蛤蜊

• 烹饪时间：5分钟　• 功效：养心润肺

原料　蛤蜊 500 克，青椒 20 克，红椒、蒜末、葱花各少许

调料　盐3克，鸡粉1克，辣椒酱10克，生抽5毫升，料酒、陈醋各4毫升，食用油适量

做法　1.红椒、青椒均切圈。2.沸水锅倒入蛤蜊，煮2分钟捞出装盘。3.用油起锅，倒入青椒、红椒、蒜末，爆香，加辣椒酱、生抽、陈醋、料酒、盐、鸡粉，炒匀，盛出，撒上葱花，倒上炒好的调味料，拌匀入味即可。

扇贝

热　量：60千卡/100克

盛产期：①②③④⑤⑥⑦⑧⑨⑩⑪⑫（月份）

扇贝简介：扇贝是双壳类动物，其贝壳呈扇形，好像一把扇子，故得扇贝之名。它是名贵的海珍品之一，在我国沿海均有分布。

别名：带子、帆立贝、海扇

性味归经：性寒，味咸，归肝、胆、肾经。

营养成分：含有蛋白质、维生素、脂肪、糖类、铁、钙、磷、碘等多种营养成分。

食材选购

要选外壳颜色比较一致且有光泽、大小均匀的扇贝，这样的扇贝肉多，食用价值高。此外，看扇贝壳是否张开，活扇贝受外力影响会闭合。新鲜的扇贝，闻起来气味正常，无腥臭味。

1. 扇贝富含糖类，糖类是维持大脑功能必需的能源。
2. 扇贝含有丰富的维生素 E，能抑制皮肤衰老，防止色素沉着，消除因皮肤过敏或感染引起的皮肤干燥和瘙痒等皮肤损害。

安全处理

清洗：从市场上买回的扇贝，可采取开壳清洗法清洗。将扇贝放在水龙头下，用刷子刷洗贝壳。把刀伸进贝壳，将两片贝壳分开，开始清除内脏，洗干净，沥干即可。

正确保存

密封冷冻法：活扇贝不要清洗，先用纸巾把表面的水吸干，用报纸包好（可用3～4层报纸），放进胶袋密封，存放在冰箱里冷冻，这样保存一个月仍旧新鲜。

淡盐水冷冻法：如果买回的扇贝量比较大，暂时吃不完，不要清洗，分成小包，每包洒些淡盐水，放入冰箱冷冻，这样可以保存更久一些。

美味菜谱

蒜蓉粉丝蒸扇贝

• 烹饪时间：10分钟　　• 功效：健脑

原料　扇贝 6 个，葱花 10 克，蒜末 30 克，姜末 20 克，粉丝 60 克，红椒末 15 克

调料　蒸鱼豉油10毫升，盐3克，食用油适量

做法　1.粉丝切段；扇贝洗净，用刀撬开，去掉脏污，取肉，加盐腌渍。2.将洗净的扇贝壳摆放在盘中，放上粉丝段、扇贝肉。热锅注油，爆香姜末、蒜末，倒入红椒末炒匀，制成酱料，盖在每一个扇贝上。3.电蒸锅注水烧开，放上扇贝，蒸5分钟，取出，淋上蒸鱼豉油，撒上葱花即可。

鲍鱼

热　量： 84千卡/100克

盛产期： ①②③④⑤⑥⑦⑧⑨⑩⑪⑫（月份）

鲍鱼简介： 鲍鱼是海产贝类，跟田螺之类沾亲带故。它只有半面外壳，壳坚厚，扁而宽，形状有些像人的耳朵。

别名： 海耳、鳆鱼、镜面鱼、九孔螺

性味归经： 性平，味甘、咸，归肝经。

营养成分： 含蛋白质、脂肪、糖类、维生素A、胡萝卜素、维生素B_2、维生素B_5、钾、钠、钙等。

先将外形有缺口、裂痕者摒除，挑选出完好无损、品质较佳的鲍鱼。各式品质优良的鲍鱼通常形状类似，在选购时应剔除形状怪异者。通常肉质肥厚者比肉质干扁者优良，而底部宽阔者比瘦长者要好。鲜鲍的色泽与死亡时间的长短有关。色泽越黯淡表示死亡时间越长，新鲜度也越差，因此不宜购买。

1. 鲍鱼肉中能提取一种被称作“鲍灵素”的生物活性物质，它能破坏癌细胞代谢功能，保护机体免疫系统。

2. 鲍鱼含有丰富的维生素 A，能够保护皮肤健康、视力健康，以及加强免疫力。

安全处理

清洗：从市场上买回的鲜鲍鱼，可采取食盐清洗法处理。用刷子将鲜鲍鱼的壳刷干净，将鲍鱼肉整粒挖出，放在大碗中，撒上盐，用手抓洗一下，去除鲍鱼肉中间与周围的坚硬组织，用水浸泡一会儿，冲洗干净，沥干即可。

正确保存

干鲍冰箱冷冻法：干鲍购买回家后，先依序以塑胶袋、报纸与塑胶袋完整包裹密封好，存放于冰箱冷冻室中，只要不受潮，约可存放一两个月。

鲜鲍汤水保存法：将烹熟的鲍鱼肉自然冷却，然后与煮鲍鱼的水一起倒入一个大饭盒里或密封的容器里，放进冰柜里就可以了。吃的时候直接加热就行，和新买的味道基本一致。此法用于短期保存。

美味菜谱

蒜蓉粉丝蒸鲍鱼

• 烹饪时间：7分钟 • 功效：清热解毒

原料 鲍鱼 150 克，水发粉丝段 50 克，蒜末、葱花各少许

调料 盐2克，鸡粉少许，生粉8克，生抽3毫升，芝麻油、食用油各适量

做法 1.鲍鱼的肉和壳分开，肉上切花刀。2.蒜末中加盐、鸡粉、生抽、食用油、生粉、芝麻油拌匀，制成味汁。3.取一盘，摆上鲍鱼壳，将鲍鱼肉塞入鲍鱼壳中，放上粉丝段、味汁。4.蒸锅上火烧开，放入鲍鱼蒸3分钟，取出撒上葱花，淋上热油即可。

牡蛎

热　量：73千卡/100克

盛产期：①②③④⑤⑥⑦⑧⑨⑩⑪⑫（月份）

牡蛎简介：牡蛎，又称蚝，一般附着生活于适宜海区的岩石上。牡蛎是海产品中的佼佼者，在古代就已被认为是"海族中之最贵者"。

别名：蚝肉、蛎黄、生蚝

性味归经：性微寒，味咸、涩，归肝、心、肾经。

营养成分：含氨基酸、肝糖原、B族维生素和钙、磷、铁、锌等。

在选购优质牡蛎时应注意选体大肥实、颜色淡黄、干燥的。轻轻触碰微微张口的牡蛎，如果能迅速闭口，说明牡蛎新鲜；如果"感应"较慢，或者"无动于衷"，则说明不太新鲜。

1. 牡蛎中所含丰富的牛磺酸有明显的保肝利胆作用。
2. 牡蛎所含的丰富微量元素和糖原，对促进胎儿的生长发育、矫治孕妇贫血，以及为孕妇补充体力均有好处。
3. 牡蛎是补钙的食品。它含磷很丰富，由于钙被人体吸收时需要磷的帮助，所以吃牡蛎有利于钙的吸收。

安全处理

清洗：先用流水清洗干净牡蛎的外表面，之后放入盐水中浸泡，使之吐出杂质，再用刀撬开牡蛎壳，之后用清水清洗干净即可。

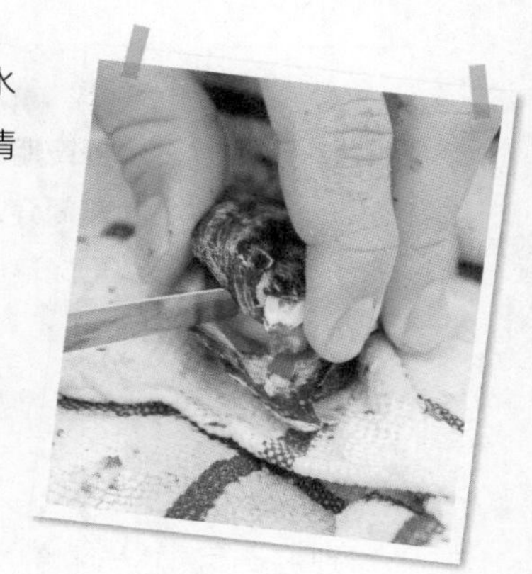

正确保存

新鲜的牡蛎在温度很低的情况下，还可以多存活3天。可以将未洗的牡蛎装入保鲜袋，放进冰箱冷冻，能保存3天，但是其肥度就会降低，口感也会变差，所以尽量不要存放，现买现吃为好。

美味菜谱

韭黄炒牡蛎

• 烹饪时间：2分钟　• 功效：美容养颜

原料　牡蛎肉400克，韭黄段200克，彩椒条50克，姜片、蒜末、葱花各少许

调料　生粉15克，生抽8毫升，鸡粉、盐、料酒、食用油各适量

做法　1.牡蛎肉加料酒、鸡粉、盐、生粉拌匀。2.沸水锅中倒入牡蛎肉，略煮后捞出。3.热锅注油烧热，放入姜片、蒜末、葱花，爆香，倒入汆好的牡蛎肉炒匀。4.淋入生抽，倒入料酒炒匀，放入彩椒条、韭黄段，加入鸡粉、盐炒匀即可。

蚌

热　量：54千卡/100克

盛产期：①②③④⑤⑥⑦⑧⑨⑩⑪⑫（月份）

蚌简介：蚌分布于亚洲、欧洲、北美和北非，大部分能在体内自然形成珍珠。外形呈椭圆形或卵圆形，壳易碎。

别名：河蚌、河蛤蜊、乌贝

性味归经：性寒，味甘、咸，归肝、肾经。

营养成分：含蛋白质、脂肪、糖类、维生素A、维生素B_1、维生素B_2、烟酸、维生素E、钙、磷、钾等。

新鲜的蚌，外壳亮洁，蚌壳盖是紧密关闭的，用手不易掰开。 用刀打开蚌壳，内部颜色光亮，肉呈白色，且闻起来气味正常、无腥臭味的，为优良蚌肉。

1. 蚌肉富含蛋白质，能维持钾钠平衡、消除水肿、提高免疫力、降低血压、改善贫血，有利于生长发育。

2. 蚌肉富含磷，具有促进骨骼和牙齿生长及身体组织器官修复的作用，还能供给能量与活力，参与酸碱平衡的调节。

清水养：将蚌放在加有适量盐的清水里，养两至三天，待其吐尽泥沙。

剖开取肉：用刀子沿着蚌壳边缘切出一条缝隙，再将刀子沿着缝隙插进去撬开，取出河蚌肉，用清水漂洗干净。

去除脏污：摘除灰黄色的鳃和背后的泥肠，把剔好的蚌肉用食盐揉搓几下，将黏液洗净即可。

正确保存

清水活养法：找个大点的容器，放进河蚌，倒上水，可以养 5 天。要注意勤换水。

冰箱冷冻法：蚌肉取出后，放在保鲜袋或塑料盒里一个一个放平后，然后放水，水量稍稍高于蚌肉。盖好或扎好，放入冰箱冷冻层，可保鲜 3 天。

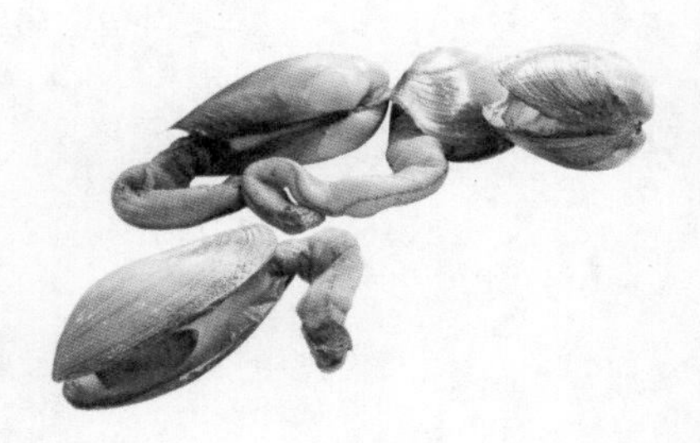

美味菜谱

枸杞叶蚌肉粥

• 烹饪时间：57分钟　• 功效：养心润肺

原料　鲜枸杞叶15克，河蚌肉块15克，大米250克

调料　盐、鸡粉各1克

做法　1.砂锅中注入适量清水烧热，倒入洗好的大米。2.盖上盖，用大火煮开后转小火煮40分钟至大米熟软。3.揭盖，倒入洗好的河蚌肉块、枸杞叶，拌匀，盖上盖，用小火煮15分钟。4.揭盖，加入少许盐、鸡粉，拌匀调味，关火后盛出煮好的粥即可。

墨鱼

热　量： 83千卡/100克

盛产期： 1 2 3 4 5 6 7 8 9 10 11 12（月份）

墨鱼简介： 在浩瀚的东海，生长着这样一种生物，它像鱼类一样遨游，但并不属于鱼类，它就是墨鱼。它是我国著名的海产品之一，深受群众喜爱。

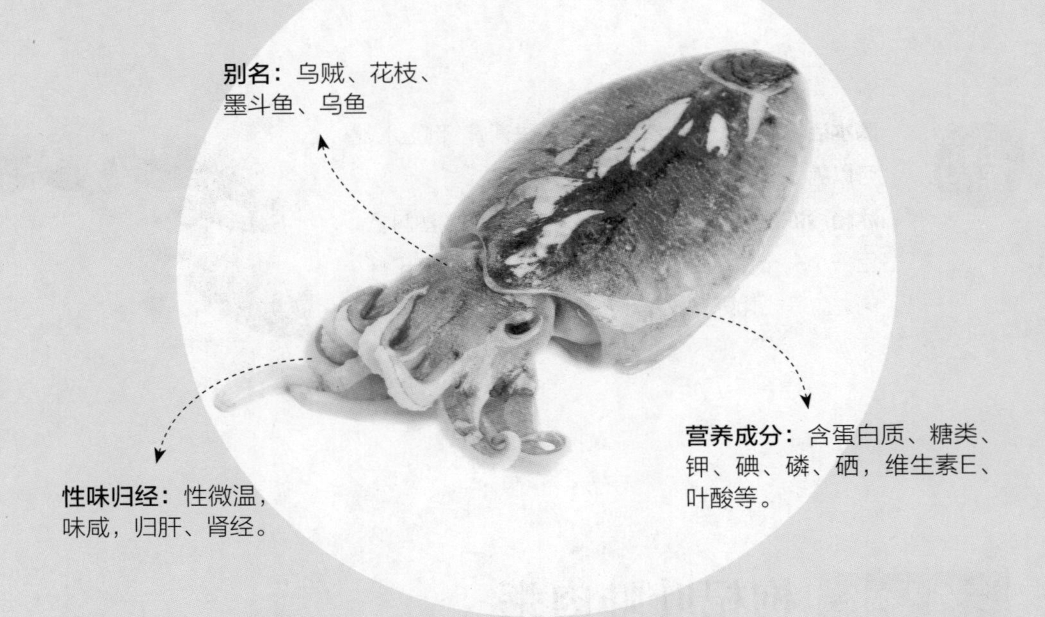

别名： 乌贼、花枝、墨斗鱼、乌鱼

营养成分： 含蛋白质、糖类、钾、碘、磷、硒，维生素E、叶酸等。

性味归经： 性微温，味咸，归肝、肾经。

食材选购

新鲜的墨鱼全身呈茶褐色，颜色通透有光泽，并且肉质也更加有弹性。此外，还要看墨鱼的鱼须是否完整，要买鱼须完整的墨鱼，因为这样的墨鱼保存得较好。和鱼一样，墨鱼的挑选也要看眼睛，要选眼珠饱满隆起，黑白分明的。

营养功效

1. 墨鱼含蛋白质、糖类、多种维生素和钙、磷、铁等矿物质，具有壮阳健身、益血补肾、健胃理气的功效。
2. 墨鱼味咸，性微温，入肝、肾经，具有通经、催乳、补脾、滋阴、调经、止带之功效，可用于妇女经血不调、水肿、湿痹、痔疮、脚气等症的食疗。

清洗：从市场买回的墨鱼，可自己采取淀粉清洗法处理。撕掉墨鱼的表皮，将墨鱼的鱼骨拉出，把内脏和眼睛摘除后冲洗干净。再将墨鱼切成块，加入一勺淀粉，倒入适量清水，浸泡10分钟，放在水龙头下冲洗干净即可。

正确保存

墨鱼干保存：墨鱼干应放在冰箱储存。如果没有冰箱，或冰箱装不下，可挂在窗台、阳台或通风的地方，或用白纸包起来保存。

鲜墨鱼保存：新鲜墨鱼可以去除表皮、内脏和墨汁后，清洗干净，用保鲜袋包好，放入冰箱冷藏室，两天内需食用完。或者放入冷冻室，可保存较长时间。

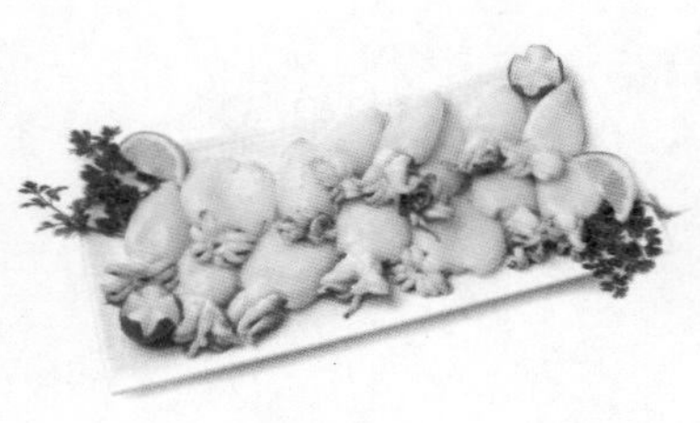

美味菜谱

荷兰豆百合炒墨鱼

• 烹饪时间：2分钟　• 功效：增强免疫力

原料　墨鱼400克，百合90克，净荷兰豆150克

调料　盐3克，鸡粉、白糖、料酒各少许，水淀粉4毫升，芝麻油3毫升，食用油适量

做法　1.处理好的墨鱼须切段，身子片成片。
2.沸水锅中加少许食用油、盐，倒入荷兰豆、百合，煮至断生捞出。再倒墨鱼，煮片刻捞出。
3.锅注油烧热，倒入墨鱼、料酒，翻炒，倒入荷兰豆、百合，加入盐、白糖、鸡粉、水淀粉、芝麻油，炒匀即可。

鱿鱼

热　量：313千卡/100克

盛产期：①②③④⑤⑥⑦⑧⑨⑩⑪⑫（月份）

鱿鱼简介：鱿鱼属软体动物，是生活在海洋中的软体动物。大家习惯上称它们为鱼，其实它并不是鱼，而是凶猛鱼类的猎食对象。

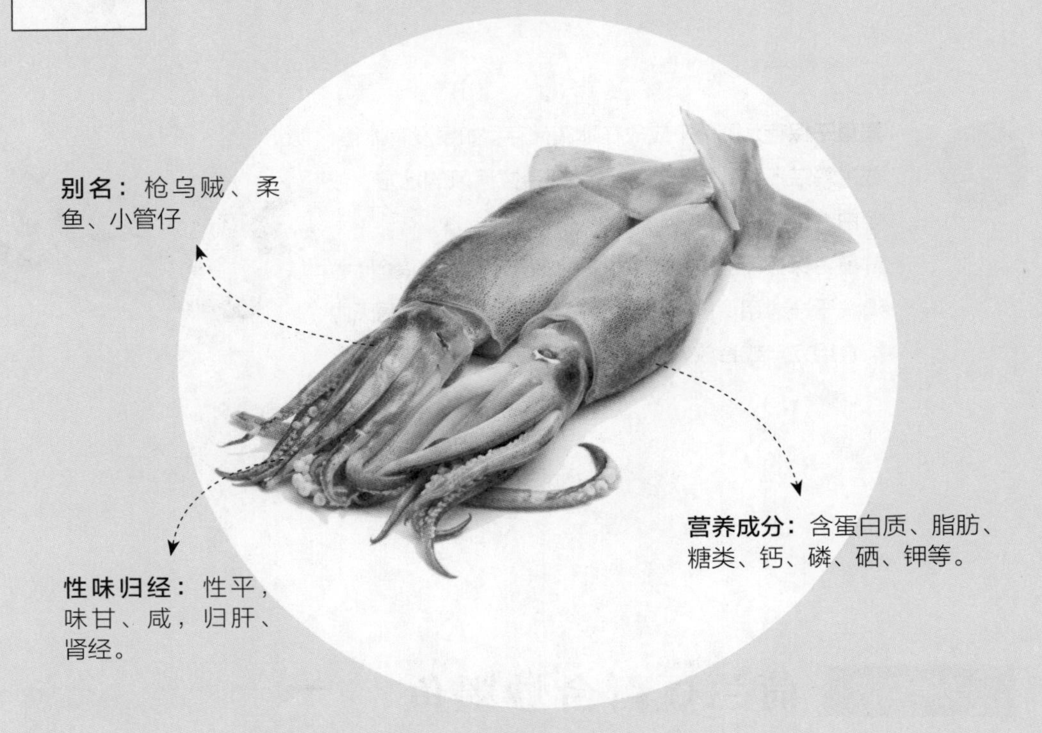

新鲜鱿鱼色泽光亮，呈淡褐色，微透明。鱼身有层膜还有黏性，眼部清晰明亮，鱼头与身体连接紧密，不易扯断。此外，新鲜鱿鱼不是越大越好，以单条300～400克为佳，这样的鱿鱼肉质好。

1. 鱿鱼富含钙、磷、铁元素，利于骨骼发育和造血，能有效预防贫血。
2. 鱿鱼含有的多肽和硒等微量元素，有抗病毒、防辐射的作用。
3. 鱿鱼是含有大量牛磺酸的一种低热量食物，可缓解疲劳。

安全处理

清洗：将鱿鱼放入盆中，注入清水清洗一遍，取出鱿鱼的软骨，剥开鱿鱼的外皮，将鱿鱼肉取出后洗净。先清理鱿鱼的头部，然后剪去鱿鱼的内脏，最后去掉鱿鱼的眼睛以及外皮，再用清水冲洗干净，沥干即可。

正确保存

通风储存法：干鱿鱼应该放在干燥通风处，一旦受潮应该立即晒干，否则易生虫、霉变。

冰箱冷冻法：将鲜鱿鱼去除内脏和杂质，洗净，擦干水分，用保鲜袋包好，放入冰箱冷冻室保存，可以保存一周。

美味菜谱

干煸鱿鱼丝

• 烹饪时间：15分钟　　• 功效：益气补血

原料　鱿鱼 200 克，猪肉 300 克，青椒圈 30 克，红椒圈、蒜末、干辣椒、葱花各少许

调料　盐3克，料酒8毫升，生抽5毫升，鸡粉、辣椒油、豆瓣酱、食用油各适量

做法　1.猪肉、鱿鱼均切条。2.鱿鱼条加盐、鸡粉、料酒腌渍。再将鱿鱼放入沸水锅中煮至变色，捞出。3.起油锅，放入猪肉条、生抽、干辣椒、蒜末、豆瓣酱、红椒、青椒炒匀，放入鱿鱼、盐、辣椒油、葱花炒匀即可。

章鱼

热　量：135千卡/100克

盛产期：①②③④⑤⑥⑦⑧⑨⑩⑪⑫（月份）

章鱼简介：章鱼有八只像带子一样长的脚，弯弯曲曲地漂浮在水中，不仅能连续往外喷射墨汁，还能改变自身颜色和构造。

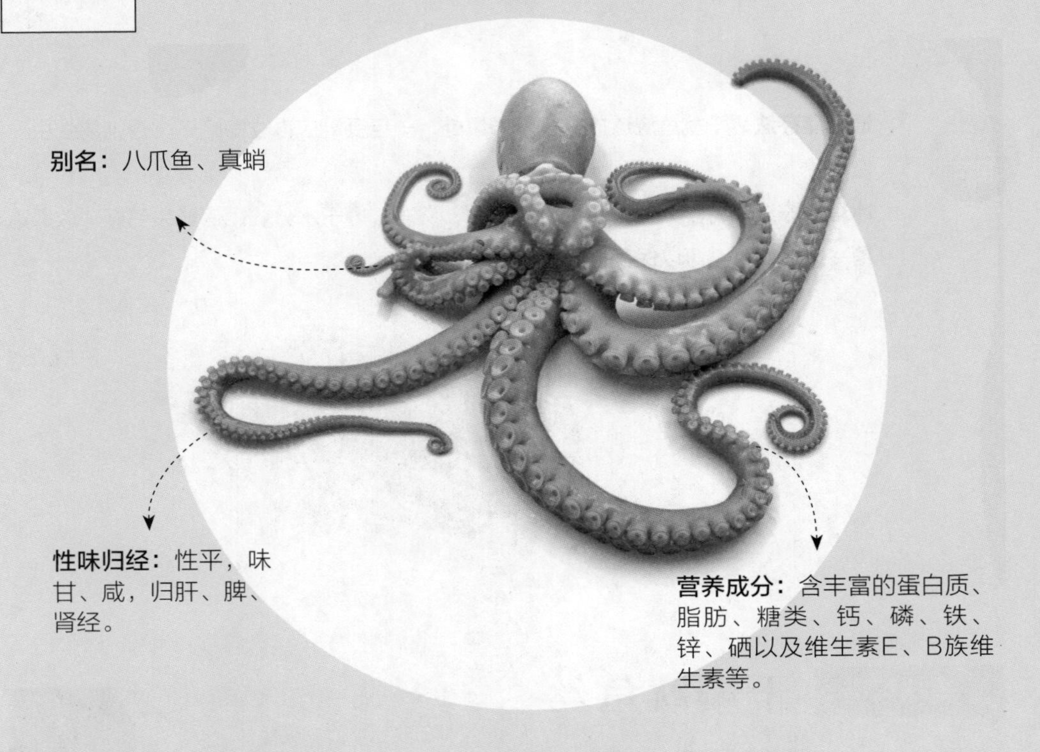

别名：八爪鱼、真蛸

性味归经：性平，味甘、咸，归肝、脾、肾经。

营养成分：含丰富的蛋白质、脂肪、糖类、钙、磷、铁、锌、硒以及维生素E、B族维生素等。

新鲜的章鱼肢体完整，身体无残缺，体表无斑块。章鱼的腿越粗，肉质越好。此外，新鲜的章鱼有弹性，用手轻轻按压，可以快速恢复。

1. 章鱼富含牛磺酸，能调节血压，适用于高血压、动脉硬化、脑血栓、痈疽肿毒等病症的食疗。
2. 章鱼有增强男子性功能的作用，因为章鱼精氨酸含量较高，而精氨酸是精子形成的必要成分。
3.章鱼性平，味甘、咸，具有补气养血、收敛生肌的作用，是女性产后补虚、生乳、催乳的滋补佳品。

安全处理

清洗：清洗时，应先撕掉表皮，剥开背皮，拉掉灰骨。然后取一容器，多放些清水，将其放入其中，在水中将其头和内脏一起拉出来。再在水中挖掉眼珠，使之流尽墨汁，冲洗干净即可。在挖眼珠时要注意，其眼中含有大量墨汁，很容易溅出弄脏衣服，在水中操作可以避免这个问题。

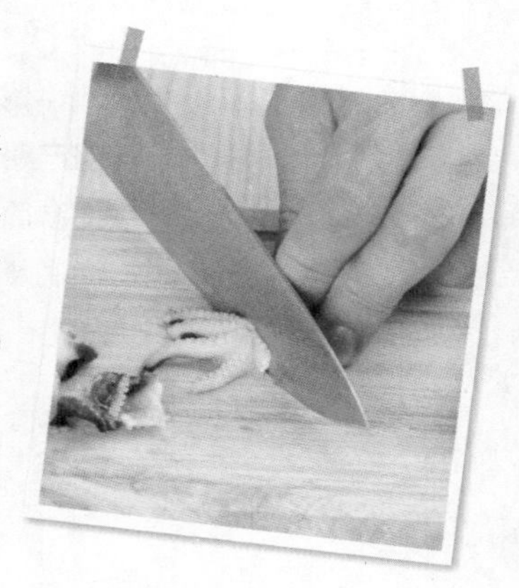

正确保存

冰箱冷藏法：将章鱼内脏、皮膜清除，用水冲洗干净，并擦干水分，用保鲜袋包裹，放入冰箱中冷藏，可保存两三天。

美味菜谱

辣炒章鱼

• 烹饪时间：30分钟　• 功效：益气补血

原料　章鱼450克，洋葱丝100克，青辣椒圈、红辣椒圈、面粉、蒜末、葱末、姜末各适量

调料　盐6克，食用油13毫升，生抽6毫升，辣椒粉14克，辣椒酱19克

做法　1.章鱼对半切开，用水冲洗掉内脏与眼睛，用盐、面粉揉洗干净。2.碗中放入葱末、姜末、蒜末、辣椒酱、生抽、辣椒粉拌匀成调味酱料。3.锅注油烧热，爆香洋葱丝，放章鱼炒香，加入调味酱料、青辣椒圈、红辣椒圈炒匀即可。

热　量：78千卡/100克

盛产期：1 2 3 4 5 6 7 8 9 10 11 12（月份）

海参简介：海参是生活在海边至8000米深海的海洋软体动物，以海底藻类和浮游生物为食。全身长满肉刺，广布于世界各海洋中。

别名：刺参、海鼠、海黄瓜

性味归经：性温，味甘、咸，归心、肾、脾、肺经。

营养成分：含蛋白质、糖类、钠、钙、镁、维生素E、胡萝卜素等。

鲜海参，参体应当为黑褐色，有的则颜色稍浅，鲜亮，呈半透明状。手持参的一头颤动有弹性，肉刺完整；或者按压一下，可以较快恢复。干海参以体大、皮薄、个头整齐、肉肥厚、形体完整、肉刺齐全无损伤的为上乘之品。

1. 海参含有一定数量的赖氨酸，被称为人体的“生长素”和“脑灵素”，能促进人体发育，增强免疫功能，并有提高中枢神经组织功能的作用。

2. 海参含有丰富的锌，锌是男性前列腺功能的重要组成部分，故而食用海参具有防治前列腺炎的作用。

3. 海参中微量元素钒含量丰富，可以增强造血功能。

安全处理

清洗：从市场上买回的海参，如果未经处理，可自己采取白醋清洗法处理。将已经剖腹的海参用流水冲洗一下，放入盆中，加白醋，注入热水，浸泡 10 分钟。将卷着的海参肉撑开，用手指甲刮除内膜，洗净即可。

正确保存

凉水保存法：发好的海参不能久存，最好不超过 3 天，存放期间用凉水浸泡，每天换水两三次，不要沾油，或放入不结冰的冰箱中。

冰箱冷藏法：活海参不要开膛，放进高压锅用海水煮开 10 ~ 12 分钟，迅速用冷水冷却，放进纯净水或者矿泉水并置于冰箱保鲜室，可保存 15 天左右。注意，最好每天换水。

美味菜谱

海参豆腐汤

• 烹饪时间：8分钟　• 功效：健脑

原料　涨发处理干净的海参 100 克，黄瓜片 30 克，豆腐 150 克，冬笋片 30 克

调料　盐、香油、生抽各适量

做法　1.将豆腐切成薄片，放入碗中；海参切成小段。2.锅中放入豆腐片、海参段、冬笋片，再注入适量的清水，小火煮5分钟。3.调入生抽、盐，拌匀调味。4.再放入香油、黄瓜片，煮片刻，装盘即可。

海蜇

热　量：77千卡/100克

盛产期：①②③④⑤⑥⑦⑧⑨⑩⑪⑫（月份）

海蜇简介：海蜇犹如一顶降落伞，也像一个白蘑菇。形如蘑菇头的部分是海蜇皮，伞盖下像蘑菇柄一样的口腔与触须是海蜇头。

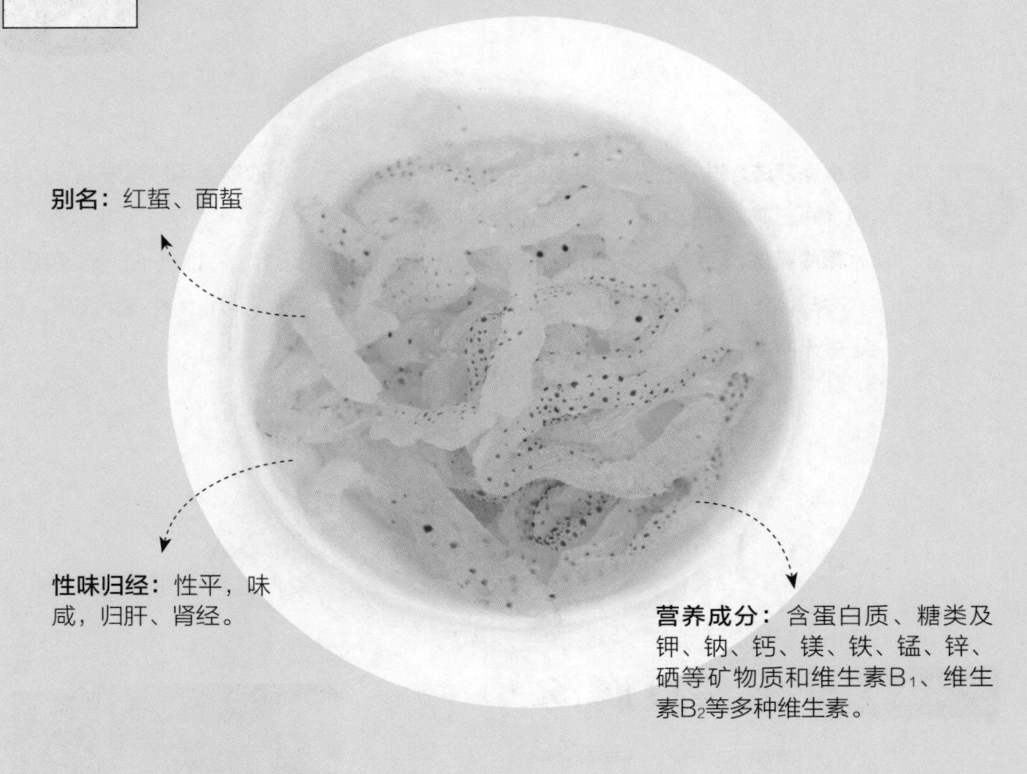

别名：红蜇、面蜇

性味归经：性平，味咸，归肝、肾经。

营养成分：含蛋白质、糖类及钾、钠、钙、镁、铁、锰、锌、硒等矿物质和维生素B_1、维生素B_2等多种维生素。

优质海蜇皮呈白色或淡黄色，有光泽感。将洗净的海蜇放入口中咀嚼，若能发出脆响的“咯咯”声，而且有嚼劲的，则为优质海蜇。用盐和矾经传统工艺加工后的海蜇气味独特，无腥臭。

1. 海蜇含有人体需要的多种营养成分，尤其含有人们饮食中所缺的碘，是一种重要的营养食品。
2. 海蜇中含有类似于乙酰胆碱的物质，能扩张血管，降低血压。
3. 海蜇所含的甘露多糖胶质，对防治动脉粥样硬化有一定功效。

安全处理

清洗：从市场上买回的海蜇，可采取盐水清洗法处理。用刀将泡发的海蜇切开成块状，放入容器，加入适量的清水、食盐，搅匀，浸泡 15 分钟左右，将海蜇冲洗干净，沥干水分即可。

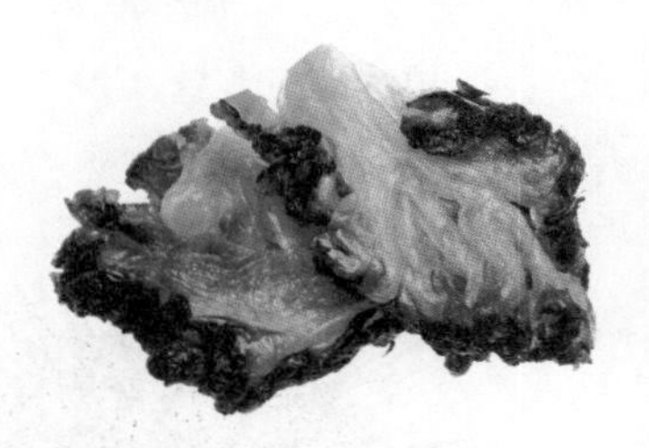

正确保存

盐水保存法：取盐和明矾，比例为500克海蜇皮兑50克盐、5克明矾。将盐和明矾放入温开水中化开，等凉后倒入坛中，最后放入海蜇皮，浸泡好后密封坛子，这样能保存很长的时间。注意，明矾能泡出美味的海蜇皮，但其过量的话会伤害身体，所以腌制的时候要注意用量。

腌制保存法：海蜇皮不沾淡水，可取一个干净的坛子，用盐将海蜇皮一层一层腌制在坛中，在最后一层上面多撒点盐，最后密封好坛子，可以保存1个月。

美味菜谱

陈醋黄瓜蜇皮

• 烹饪时间：2分钟　• 功效：清热解毒

原料　海蜇皮 200 克，黄瓜 200 克，红椒 50 克，青椒 40 克，蒜末少许

调料　陈醋5毫升，芝麻油5毫升，生抽5毫升，盐2克，白糖2克，辣椒油5毫升

做法　1.黄瓜对切段；红椒、青椒均去籽，切粒。2.黄瓜放盐，腌渍片刻；沸水锅中倒入海蜇皮，余熟后捞出，装入碗中。3.碗中倒入红椒粒、青椒粒、蒜末、白糖、生抽、陈醋、芝麻油、辣椒油拌匀。黄瓜洗去盐分，装盘，倒上海蜇皮即可。

海胆

热　量： 149千卡/100克

盛产期： ①②③④⑤⑥⑦⑧⑨⑩⑪⑫（月份）

海胆简介： 海胆是一种无脊椎动物，有一层硬壳，壳上布满了许多刺样的东西，叫棘。海胆的形状有球形、心形和饼形。

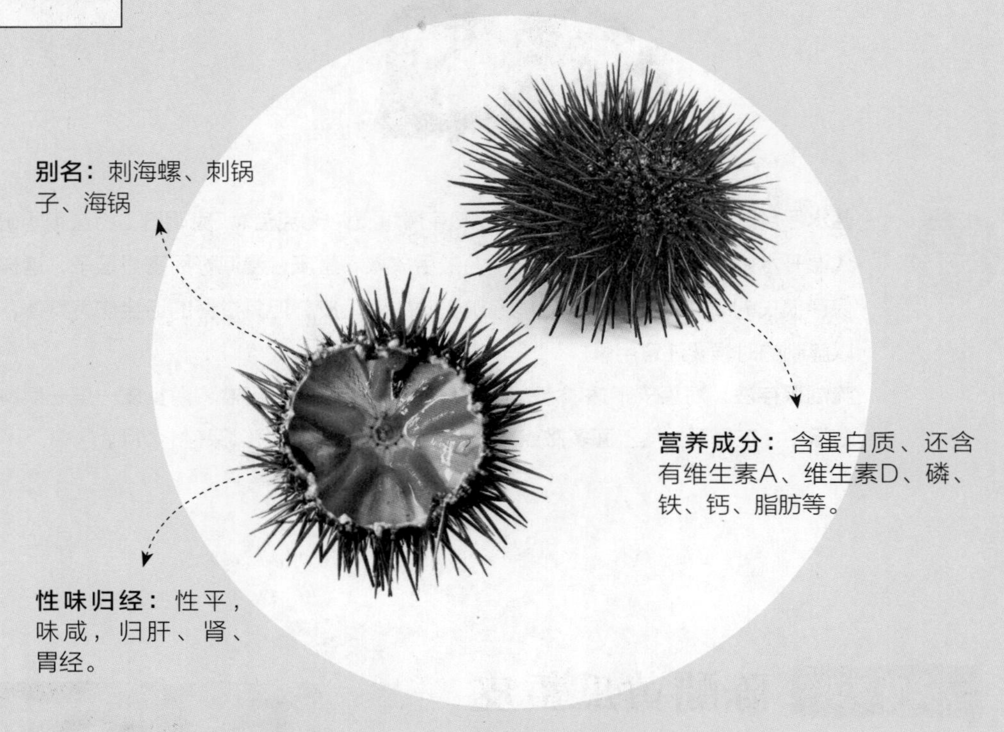

别名： 刺海螺、刺锅子、海锅

营养成分： 含蛋白质、还含有维生素A、维生素D、磷、铁、钙、脂肪等。

性味归经： 性平，味咸，归肝、肾、胃经。

海胆身上的刺干净无任何附着物表示非常新鲜。此外，鲜活的海胆浑身的刺是会动的，动的幅度越大，说明鲜活度越好。打开海胆壳之后可以观察一下海胆的颜色，以颜色金黄的为佳。

1. 海胆卵中含脂肪酸，对预防心血管疾病有好处。
2. 海胆以其生殖腺供食，其生殖腺中含有二十碳五烯酸，占总脂肪酸的 30% 以上，可预防心血管病。
3. 海胆的外壳、海胆刺、海胆卵黄等，可辅助治疗胃及十二指肠溃疡、中耳炎等。
4. 中医认为海胆卵味咸，性平，有化痰消肿之功效。

安全处理

清洗：买回的海胆，用剪刀沿海胆嘴外周剪开一圈，取下带嘴的“盖子”，就可以看见海胆黄。海胆黄共5个，色泽金黄，呈五角星状贴于壳的内壁之上。仔细地将海胆黄上覆盖的黑色膜状物撕下，用小刀小心地将卵黄剔下来，用清水漂洗干净，即可搭配蘸料用于生食和烹调。

正确保存

海胆捕捞出水后，在空气中放置半日至一日，海胆黄即可能发软变质，不能食用。所以，从市场上买回家的海胆，要么即时烹煮，要么冷冻保存，即食即取。

冷冻保存法：把海胆黄都剔出来，放入一个容器里。可以分成几小份，方便每次食用。加入适量清水，冷冻起来。吃的时候拿出一份来，化开就可以汆烫了。但是保存时间不宜过长，以 3 天为宜。

美味菜谱

海胆炒意大利面

• 烹饪时间：16分钟　• 功效：预防心血管疾病

原料　鲜冻脱水海胆肉 70 克，姜蓉 20 克，意大利面 100 克，香菜碎少许

调料　盐、食用油各适量

做法　1.锅中注水烧开，放入意大利面，煮熟后捞出，过冷水，备用。2.将姜蓉与海胆肉混合均匀。3.锅中注油烧热，放入面条，炒散，撒入海胆肉，拌炒均匀。4.加入适量盐、香菜碎，翻炒匀即可。

甲鱼

热　量： 118千卡/100克

盛产期： 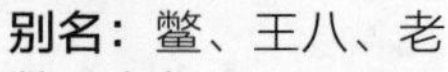

（月份）

甲鱼简介： 甲鱼是我国传统的名贵水产品，自古以来，就以美味、滋补闻名于世，是一种用途很广的滋补品和中药材料。

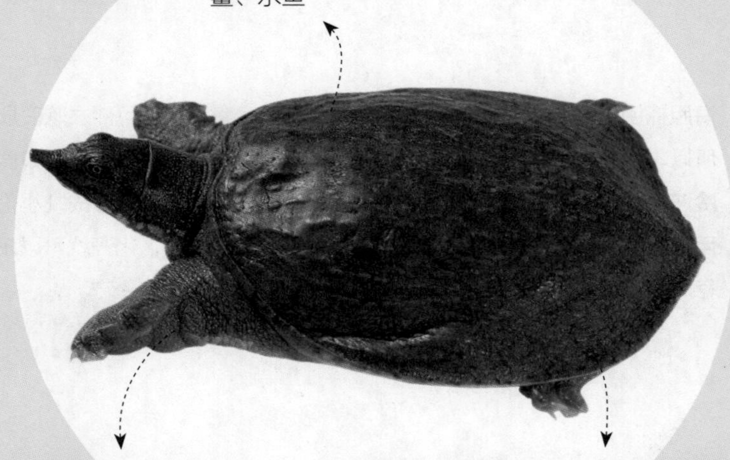

别名： 鳖、王八、老鳖、水鱼

性味归经： 性平，味甘，归肝经。

营养成分： 富含蛋白质、脂肪（特别含不饱和脂肪酸DHA、EPA）、铁、钙、动物胶及多种维生素。

凡外形完整，无伤无病，肌肉肥厚，腹甲有光泽，背甲肋骨模糊，裙厚而上翘的为优等甲鱼。用手抓住甲鱼的后腿处，活动迅速、四脚乱蹬、凶猛有力的为优等甲鱼；如活动不灵活，四脚微动甚至不动，则为劣等甲鱼。

1. 甲鱼肉富含 DHA、EPA，有助于儿童智力发育。
2. 甲鱼亦有较好的净血作用，常食可降低血胆固醇，因而对高血压、冠心病患者有益。
3. 甲鱼富含动物胶、角蛋白、铜、维生素 D 等营养素，能够增强身体的抗病能力，调节人体的内分泌功能，也可以提高母乳质量，增强婴儿的免疫力。

安全处理

清洗：从市场上买回的甲鱼，如果未经处理，可自己采取汆烫清洗法来处理。锅中放水煮沸，将甲鱼放入热水中烫2～5分钟，捞出。把甲鱼放到盆中，注入凉水，用手将黑膜去掉，再把甲鱼肚子上的薄皮去掉，将甲鱼用清水冲洗干净。从甲鱼的裙边底下沿周边切开，用清水冲洗一遍甲鱼，最后将甲鱼的内脏用剪刀清理干净即可。

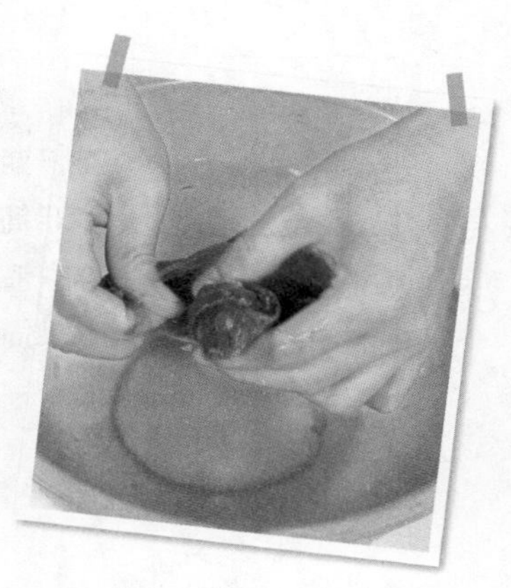

正确保存

冰箱保鲜法：先将甲鱼固定住，可放在与它差不多大小的盒子里，或用网袋包装好，放入冰箱保鲜区，把温度调到2～8℃，主要根据地区而定。如果当地天气温差不是很大，也不是太热，可以略调高点，保持在5～10℃。之后不要经常性地触碰它，基本上保持2天左右观察一次，看看它是否有活力。如感觉缺乏活力了，就需要赶紧宰杀掉，因为甲鱼死亡后是不能食用的。此为春、夏季节常用的方法。

清水保鲜法：准备一个水桶，能装下甲鱼就行，注入少许水，高度不能超过甲鱼的背部。大概每2天给它换次清水，基本上就可以保证它的存活。同冰箱保鲜法一样，也要经常观察其活力，一旦发现甲鱼活力变差，就应该尽快宰杀食用。此为秋、冬季节常用的方法。

美味菜谱

西洋参无花果甲鱼汤

• 烹饪时间：125分钟　• 功效：养心润肺

原料　甲鱼700克，红枣7克，无花果15克，西洋参5克，姜片、葱段各少许

调料　盐、鸡粉各1克，料酒10毫升

做法　1.沸水锅中倒入洗净斩好的甲鱼，加入适量料酒，汆煮至去除血水和脏污，捞出。2.另起砂锅注水，倒入甲鱼、无花果、西洋参、红枣、姜片、葱段，加入料酒，煮2小时。3.加入盐、鸡粉，拌匀即可。

海带

热　量：23千卡/100克

盛产期：①②③④⑤⑥⑦⑧⑨⑩⑪⑫（月份）

海带简介：叶片似宽带，梢部渐窄，一般长2～4米，宽20～30厘米。海带通体橄榄褐色，干燥后变为深褐色、黑褐色，上附白色粉状盐渍。

别名：昆布、江白菜

性味归经：性寒，味苦、咸，归肺、脾、肾、肝、胃经。

营养成分：含蛋白质、糖类以及钙、铁、碘等矿物质。

品质良好的干海带形体完整，叶片厚实。如果海带上有小孔洞或大面积的破损，说明有被虫蛀或者是发霉变质的情况。海带表面应有一层白色的粉末，如果没有或者是很少，说明是陈年旧货。褐绿色的海带应挑选黏性大的。

1. 海带中含有大量的碘，能明显降低血液中的胆固醇含量，常食有利于维持心血管系统的功能，使血管富有弹性，从而保障皮肤营养的正常供应。
2. 海带中的蛋氨酸、胱氨酸含量丰富，能防止皮肤干燥，常食还可使干性皮肤富有光泽，使油性皮肤减少油脂分泌。

安全处理

清洗：鲜货海带直接用清水清洗即可。若是干货，可自己采取淘米水清洗法处理。将海带放进淘米水中，浸泡 15 分钟左右，用手揉搓清洗海带，再将海带放在流水下冲洗干净，沥干水分即可。

正确保存

冰箱冷冻法：将一时吃不完的海带沥干水，每几张铺在一起卷成卷，放在保鲜袋上卷起来，放冰箱中冷冻保存，吃的时候只要拿出一卷化冻就可以直接使用了。此法可保存 3 天，但口感度和营养会有所下降，所以还是建议即泡即烹即食。

美味菜谱

棒骨海带汤

• 烹饪时间：60分钟　• 功效：增强免疫力

原料　斩成小段的猪棒骨 500 克，海带 100 克，姜片、葱段各适量

调料　盐、白醋各适量

做法　1.将海带洗净切成细丝，放入碗中。2.锅中注水烧开，放入备好的猪棒骨，氽一下水，捞出。3.锅中注水，放入猪棒骨、姜片、葱段，煮一会儿。4.再放入海带丝，调入盐、白醋，调味，煮至水沸腾后，续煮片刻即可。

紫菜

热　量：250千卡/100克

盛产期：①②③④⑤⑥⑦⑧⑨⑩⑪⑫（月份）

紫菜简介：紫菜外形简单，由盘状固着器、柄和叶片3部分组成。叶片为膜状体，其体长因种类不同而异，自数厘米至数米不等。

别名：紫英

性味归经：性寒，味咸，归肺、脾、肾、肝、胃经。

营养成分：含有叶绿素和胡萝卜素、叶黄素、藻红蛋白、藻蓝蛋白等。

厚薄均匀，无明显的小洞与缺角，保存好，有光泽的紫菜比较新鲜。此外，好的紫菜是有一丝清香味的。

1. 紫菜含维生素丰富，可维护上皮组织健康生长，减少色素斑点。
2. 紫菜热量低，含有多种微量元素和矿物质，有消水肿的作用，利于保护肝脏。

安全处理

清洗：没有标明是免洗紫菜的最好要洗好才能煮，因为非免洗紫菜中可能含有大量泥沙。紫菜泡入水中就会散开，成碎末状。如果用广口的容器进行清洗，紫菜会连同脏水一起被倒出来。这个时候，就可以把紫菜放入漏勺中，泡开后进行冲洗，方便捞出。

正确保存

新鲜紫菜保存：新鲜的紫菜需要提前晒干，然后再用真空袋装起来，放入冰箱冷藏保存。

紫菜干保存：包装打开了的紫菜干不宜放入冰箱，要放入密封食品袋中，放到低温干燥的地方保存。主要是因为紫菜比较容易返潮变质，而冰箱中低温潮湿，开了包装的紫菜再放入冰箱中，就很可能会出现变质的情况。

美味菜谱

紫菜笋干豆腐煲

• 烹饪时间：17分钟　　• 功效：增强记忆力

原料　豆腐 150 克，笋干粗丝 30 克，虾皮 10 克，水发紫菜 5 克，枸杞 5 克，葱花 2 克

调料　盐、鸡粉各2克

做法　1.豆腐切片。2.砂锅中注水烧热，倒入笋干，放入虾皮、豆腐片，拌匀。3.加盖，用大火煮15分钟，揭盖，倒入枸杞、紫菜，加入盐、鸡粉，拌匀，关火后盛出煮好的汤，装在碗中，撒上葱花点缀即可。

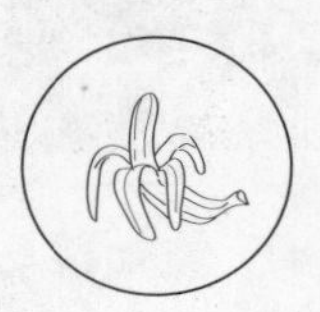

人们在购买琳琅满目的水果时，
难免会认为颜色鲜艳、个头硕大的才是好水果。
其实，并不是所有拥有美丽外表的水果都是好吃的水果。
本章中选取常见的水果，
教您怎么选购、储存、清洗以及烹调，
即便是厨房新手，也可以轻松掌握。

水果类

草莓

热　量：30千卡/100克

盛产期：1 2 3 4 5 6 7 8 9 10 11 12（月份）

草莓简介：草莓是很常见的水果，有着“水果皇后”的美誉。它有着心形的形状、浓郁的香味以及多汁的果肉。

别名：红莓、洋莓、地莓、地果

性味归经：性凉，味酸、甘，归肺、脾经。

营养成分：含氨基酸、果糖、蔗糖、葡萄糖、鞣酸、柠檬酸、苹果酸、果胶、胡萝卜素、维生素C等。

挑选草莓的时候应该尽量挑选全果鲜红均匀，色泽鲜亮，有光泽的。蒂头叶片鲜绿，有细小茸毛，表面光亮，无损伤腐烂的草莓较为新鲜。此外，要选择大小一致，切开后，切面形状偏心形的草莓。

1. 草莓所含的胡萝卜素是合成维生素 A 的重要物质，具有明目养肝的作用。
2. 草莓富含维生素 C，可预防维生素 C 缺乏症、动脉硬化、冠心病。
3. 草莓富含果胶，可改善便秘、预防痔疮。
4. 草莓对胃肠道和贫血均有一定的滋补调理作用。
5. 草莓富含鞣酸，在人体内可阻碍消化道对致癌化学物质的吸收，具有防癌作用。

安全处理

清洗：清洗草莓，可用淘米水。草莓不要去叶头，放入水中浸泡15分钟，如此可让大部分农药随着水溶解。然后将草莓去叶子，用淡盐水或淘米水浸泡10分钟左右，去蒂，清洗干净即可。洗草莓时，千万注意不要把草莓蒂摘掉，去蒂的草莓若放在水中浸泡，残留的农药会随水进入果实内部，造成更不必要的污染。

正确保存

通风保存法：如果天气不冷不热，可以把草莓放在比较通风的地方，比如篓子，一般能保存一两天。

冰箱保存法：如果天气比较热，可以把草莓放到冰箱冷藏。把草莓装入保鲜袋中，扎紧袋口，防止失水、干缩变色，然后以 0 ~ 3℃冷藏，保持一定的恒温，切忌温度忽高忽低。

容器保存法：可以将草莓放在密闭的容器里。贮存草莓之前，要把草莓擦拭干净，而且不要碰坏了，要不然会坏得比较快。如果是冬季，要把草莓放到密闭的容器里保温，尽量保证草莓的贮存温度在 0℃以上。

美味菜谱

低糖草莓酱

• 烹饪时间：25分钟　• 功效：开胃消食

原料　冰糖 5 克，草莓 260 克

做法　1.洗净的草莓去蒂，切小块，待用。2.锅中注入约80毫升清水，倒入切好的草莓。3.放入冰糖，搅拌约2分钟至冒出小泡。4.调小火，继续搅拌约20分钟至黏稠状。5.关火后将草莓酱装入小瓶中即可。

如果想吃口感稠一点的草莓酱，水可减少到 50 毫升。

桑葚

热　量： 49千卡/100克

盛产期： ①②③④⑤⑥⑦⑧⑨⑩⑪⑫（月份）

桑葚简介： 桑葚味甜汁多，是人们常食的水果之一。因为它具有天然生长、无任何污染的特点，所以桑葚被称为“民间圣果”。

别名： 桑果、桑实、桑葚子、葚

性味归经： 性寒，味甘、酸，归肝、肾经。

营养成分： 含糖、蛋白质、脂肪、苹果酸、胡萝卜素、维生素A、维生素B_1、维生素B_2、维生素C以及铁、钠、钙、镁、钾等。

食材选购

挑选桑葚时，要选择表面光滑没有破损的，破损的桑葚容易腐败变质。要选择颗粒比较饱满，厚实，没有出水，比较坚挺的桑葚。此外，尽量挑选呈黑紫色的桑葚，味道比较甜。

营养功效

1. 桑葚含有不饱和脂肪酸，具有降低血脂、防止血管硬化等作用。
2. 桑葚含有鞣酸、脂肪酸、苹果酸等，可健脾胃，助消化。
3. 桑葚富含维生素 C，可预防维生素 C 缺乏症、动脉硬化、冠心病等症。
4. 桑葚富含维生素 A，具有明目养肝作用。

安全处理

食盐清洗法：在碗里放点盐，加入少量开水让盐溶化，注入更多的冷水，倒入桑葚里，浸泡5分钟后用冷水再清洗两遍即可。

淘米水清洗法：可以先用自来水连续冲洗桑葚表面几分钟，再将其浸泡于淘米水中（可加少许盐），浸泡时间控制在15分钟左右为宜，然后用清水洗净。

正确保存

冰箱冷藏法：不要清洗桑葚，保持干爽，用敞口的容器盛放，放进冰箱冷藏。

冰箱冷冻法：先洗净，用保鲜袋分成小包，放冰箱冷冻，吃时用冷水化开。

腌制保存法：洗净沥干水，找个密封罐，加少许盐和大量糖腌制，密封进冰箱冷藏，可以放一个星期。

美味菜谱

草莓桑葚果汁

• 烹饪时间：2分钟 • 功效：美容养颜

原料 草莓100克，桑葚50克，柠檬30克，蜂蜜20克

做法 1.将桑葚洗净；洗净去蒂的草莓对半切开，待用。2.备好榨汁机，倒入草莓、桑葚。3.再挤入柠檬汁，倒入少许清水。4.盖上盖，调转旋钮至1档，榨取果汁。5.将榨好的果汁倒入杯中。6.再淋上备好的蜂蜜即可。

覆盆子

热　量： 49千卡/100克

盛产期： 1 2 3 4 5 6 7 8 9 10 11 12（月份）

覆盆子简介： 覆盆子的果实有红色、金色和黑色，在欧美作为水果，在中国市场上比较少见。覆盆子植物可入药，有多种药物价值。

别名： 树梅、悬钩子、覆盆、覆盆莓

性味归经： 性平，味甘、酸，归肝、肾经。

营养成分： 含糖类、蛋白质、脂肪、有机酸、维生素C、β-谷固醇、覆盆子酸等。

购买覆盆子时最好挑选饱满及有光泽的，更新鲜。挑选红色覆盆子时要选择色泽亮红的，味道酸甜可口。如果是购买盒装的覆盆子，要确保包装盒并不是完全密封的。

1. 覆盆子含有大量的茶素、抗氧化黄酮、丰富的微量元素及钾盐，可以帮助调节体内的酸碱值，能让人维持好气色。

2. 覆盆子果实富含人体所需的氨基酸、维生素、有机酸、矿物元素和抗癌物质等，具有抗癌作用。

安全处理

清洗：生食或泡茶的覆盆子都可用清水冲洗干净即可。因为覆盆子的颗粒与颗粒之间的空隙较大，水很容易进去。清洗的时候，一定要迅速地并且轻轻地清洗。刚挑选的覆盆子可以放在容器内轻轻地摇动以驱逐昆虫，如覆盆子蚜虫，它们通常会藏在其中。

正确保存

因为覆盆子很容易腐烂，所以在保存的时候要格外小心。如果买回来的覆盆子，一次性吃不完，要将剩余的部分放入冰箱保存。在放入冰箱前，要将覆盆子中已经碰坏或腐烂的扔掉，因为这些腐烂的覆盆子会污染其他好的。将没有洗过的覆盆子放入原有的包装盒或者放进玻璃、塑料的容器里密封保存，放在冰箱中可保存一两天。从冰箱取出即食，最好不要在室温下放置超过 2 小时，并且要避免强光直射。

美味菜谱 梅子露

• 烹饪时间：3分钟　• 功效：美容养颜

原料　覆盆子 50 克，桑葚 20 克，蓝莓 20 克，薄荷叶适量

调料　红糖适量

做法　1.将覆盆子、桑葚、蓝莓、薄荷叶分别用水洗净，待用。2.将锅洗净，加入适量清水煮开。3.加入覆盆子、桑葚、蓝莓、薄荷叶，拌匀，调入红糖，用小火煮至红糖溶化。4.用勺搅拌均匀，最后将煮好的糖水盛入汤碗中即可。

蓝莓

热　量： 57千卡/100克

盛产期： 1 2 3 4 5 6 7 8 9 10 11 12（月份）

蓝莓简介： 蓝莓，意为蓝色的浆果之意，因其具有较高的保健价值，是世界粮农组织推荐的“五大健康水果”之一。

别名： 蓝梅、笃斯、笃柿、甸果

性味归经： 性寒，味甘、微咸，归心、大肠经。

营养成分： 含蛋白质、膳食纤维、脂肪、维生素A、维生素C、花青苷色素、钙、铁等。

好的蓝莓圆润，大小均匀，表皮细滑，不黏手。大小不匀、表皮粗糙说明发育不良，不宜选购。此外，好的蓝莓表皮为蓝紫色，覆有白霜。如果颜色发红，说明尚未成熟；白霜不明显或没有白霜，说明存放过久已不新鲜。

1. 蓝莓富含维生素 A，具有明目养肝作用。
2. 蓝莓富含花青苷色素，可改善视力、提高免疫力。
3. 蓝莓富含维生素 C，食用后可预防维生素 C 缺乏症、动脉硬化、冠心病。
4. 蓝莓富含果胶，可改善便秘、预防痔疮。
5. 蓝莓含紫檀芪、酚酸，可以预防癌症。

安全处理

食盐清洗法：在水中加一些盐，然后将蓝莓放在其中浸泡 5 分钟左右，同时轻轻揉搓，最后用清水淘洗干净即可。

淘米水清洗法：将蓝莓放入淘米水中浸泡片刻，然后只需轻轻揉搓，就能将其表面的污垢清理干净了，最后再用清水清洗干净。

正确保存

通风保存法：如果是在常温下保存，可以将蓝莓装在透气的食品盒中，放在阴凉、通风的地方。温度在 15 ~ 25℃最佳，能够存放一周左右。

冰箱冷藏法：不要清洗，保持蓝莓干燥，将蓝莓用白纸、保鲜膜包起来，放入冰箱中冷藏，温度控制在 1 ~ 3℃，这样能保鲜两周左右。

冰箱冷冻法：如果购买了大量的蓝莓，可以将其冷冻几小时，确定已冻结后，装入密封容器内，放到冷藏室里，随吃随取。冷冻时建议用保鲜膜密封，以防蓝莓水分流失或与其他食品串味。

美味菜谱

蓝莓奶昔

• 烹饪时间：2分钟　• 功效：保护视力

原料　蓝莓 60 克，鲜奶 50 毫升，酸奶 50 毫升，柠檬 20 克，桑葚 50 克

做法　1.备好榨汁机，倒入洗净的蓝莓、桑葚。2.再挤入柠檬汁，倒入鲜奶、酸奶。3.盖上盖，调转旋钮至1档，榨取奶昔。4.将榨好的奶昔倒入杯中即可。

蓝莓最好用温水浸泡清洗，能更好地洗净。

圣女果

热　量： 22千卡/100克

盛产期： 1 2 3 4 5 6 7 8 9 10 11 12（月份）

圣女果简介： 圣女果营养价值高，食用与观赏两全其美，故广受欢迎。由于它远远看上去像一颗颗樱桃，故又名樱桃番茄。

别名： 小西红柿、珍珠小番茄、樱桃番茄

性味归经： 性微寒，味甘、酸，归肝、胃、肺经。

营养成分： 含蛋白质、纤维素、维生素A、维生素C、番茄红素、番茄碱、钙、磷、钾、镁、铁、锌、铜、碘等。

市面上的圣女果多带有果蒂或叶子，可依据叶子新鲜度作为挑选标准。选择表皮颜色为均匀深红色的圣女果成熟度高，口感香甜；表皮比较光滑的，看起来没有小疙瘩、小斑点之类的会很好吃，也会很新鲜。

1. 圣女果富含番茄红素等抗氧化物，能抗衰老、预防心血管疾病，有助于防癌抗癌、防辐射。
2. 圣女果富含维生素 C，有美白祛斑的功效。
3. 圣女果富含维生素 A，可以预防夜盲症、缓解视力下降。

安全处理

食盐清洗法：加盐轻轻地揉一下，让圣女果的外皮都有沾到盐，然后泡 20 分钟，倒掉水，加清水再洗干净，最后用凉开水过一下。

果蔬清洗剂清洗法：将少许果蔬洗涤剂倒入清水中，化开，将圣女果倒入水中，轻轻搓洗，再用清水冲洗，直到干净为止。

苏打清洗法：取小苏打一勺，放入清水中，将圣女果放入其中浸泡 10 ~ 20 分钟，再用清水冲洗即可。

毛巾清洗法：找块毛巾，把圣女果盛在毛巾里，放在水里筛，表面的灰尘会很快就没了，然后再用清水漂洗干净即可。

正确保存

将圣女果放进保鲜袋里，密封放进冰箱中，细菌不容易进入，可保存两三天。

美味菜谱　圣女果意大利面

• 烹饪时间：18分钟　　• 功效：增强免疫力

原料　圣女果 50 克，意大利面 100 克，薄荷叶适量

调料　橄榄油10毫升，罗勒青酱适量，奶酪少许，盐适量

做法　1.将圣女果洗净对半切开，奶酪切成薄片。2.将意大利面放入沸水锅中煮12分钟至熟，捞出放入凉水中浸泡。3.在热锅中倒入橄榄油，放入圣女果、盐、奶酪、罗勒青酱、意大利面，炒匀盛出，放上薄荷叶装饰即可。

葡萄

热　量：47千卡/100克

盛产期：①②③④⑤⑥⑦⑧⑨⑩⑪⑫（月份）

葡萄简介：葡萄几乎占全世界水果产量的1/4，可制成葡萄汁、葡萄干和葡萄酒等。葡萄皮薄多汁，酸甜味美，有“晶明珠”之美称。

别名：草龙珠、蒲桃、山葫芦、提子

性味归经：性平，味甘、酸，归脾、肺经。

营养成分：含维生素C、钙、磷、铁、葡萄糖、果糖、酒石酸、草酸、柠檬酸、苹果酸、红酒多酚、白藜芦醇等。

食材选购

一般购买葡萄都是整串购买的，因此应选择果粒饱满者多的一串葡萄。新鲜的葡萄表皮上会有一层白色的霜，用手一碰，能够很容易掉落。成熟度适中的葡萄，果粒颜色较深。

营养功效

1. 葡萄富含葡萄糖，易被人体吸收。
2. 葡萄肉富含花青素，食用后可抗衰老。
3. 葡萄富含白藜芦醇，能防止健康细胞癌变、阻止癌细胞扩散。
4. 适量多吃葡萄，能阻止血栓形成，降低人体血清胆固醇水平，对预防心脑血管病有一定作用。

安全处理

食盐清洗法：将成串的新鲜葡萄用剪刀一颗一颗地剪下来，将剪好的葡萄粒用水冲一下，然后撒上一些食盐，轻轻地揉搓，这样就能够清除上面的灰尘、农药和细菌，然后用清水浸泡 15 分钟左右，沥干水分即可。

淀粉清洗法：往水中撒一些淀粉，将剪下来的葡萄颗粒放入水中，用手掌在水中搅动几下，倒掉浑浊的淀粉脏水，用清水冲几次至水清即可。淀粉是很好的天然吸着剂，可以吸掉蔬果表面的脏物及油脂。

果蔬清洗剂清洗法：把果蔬清洗剂抹在葡萄表面，轻轻地揉搓，然后反复冲洗，沥干水分即可。注意，果蔬清洗剂不要放多了，而且要清洗干净。

牙膏清洗法：先用清水将葡萄冲洗一遍，再挤些牙膏，把葡萄置于手掌间，轻轻揉搓，过清水后，葡萄便能完全晶莹剔透。

正确保存

通风保存法：放在通风、不受日照的阴凉处，也可以放到竹篮、果盘中。

冰箱冷藏法：先不清洗，以保鲜袋或纸袋装好，防止果实的水分蒸发，入冰箱冷藏。可在保鲜袋上扎几个小孔，保持透气，以免水汽积聚，造成水果腐坏。

美味菜谱

哈密瓜葡萄汁

• 烹饪时间：2分钟　　• 功效：开胃消食

原料　哈密瓜 150 克，葡萄 170 克

做法　1.洗净的葡萄对半切开，剔去籽。2.处理好的哈密瓜切成条，切小块，待用。3.备好榨汁机，倒入葡萄、哈密瓜块。4.倒入适量的凉开水。5.盖上盖，调转旋钮至1档，榨取果汁。6.将榨好的果汁倒入杯中即可。

柿子

热　量： 60千卡/100克

盛产期： 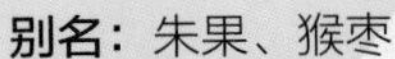（月份）

柿子简介： 柿子是一种广泛种植的果树结出的果实， 原产地为我国，19世纪传入国外。柿子可以生吃，也可以加工成多种食品。

别名： 朱果、猴枣

性味归经： 性寒，味甘、涩，归肺、脾、胃、大肠经。

营养成分： 含蛋白质、维生素C、钙、磷、铁、锌、鞣酸、果胶、单宁酸、蔗糖、葡萄糖、果糖、胡萝卜素、瓜氨酸、碘等。

选购柿子时应选择体形规则、有点方正的柿子。观察柿子的颜色是否鲜艳，颜色鲜艳的比较好吃。选择软柿子的时候，用手轻轻触摸柿子表面，若柿子表面软硬度均匀分布则为较好的柿子。

1. 柿子富含碘，能够防治地方性甲状腺肿大。
2. 柿子富含果胶，有良好的润肠通便作用。
3. 柿子有消炎和消肿的作用，食用后可以预防心脏血管硬化。

安全处理

食盐清洗法：将柿子放入盐水中浸泡 15 分钟，然后用清水不停地冲洗干净即可。

淀粉清洗法：将少许淀粉倒入盛有清水的盆中，然后将柿子放入其中，轻轻搓洗表面，捞出后用清水冲洗干净，沥干水分即可。

牙膏清洗法：可将少许牙膏挤在清水中，搅拌起泡沫后，把柿子放在水中清洗。洗后再用清水过一下即可。

正确保存

通风储存法：柿子要保留较短的果柄和完好的萼片，且不受损伤。然后，轻轻装入篓、筐等容器内，放在阴凉通风处。

冰箱冷藏法：可以放在冰箱里冷藏，先不清洗，只要以保鲜袋或纸袋装好，防止果实的水分蒸发。可在保鲜袋扎几个小孔，保持透气，以免水汽积聚，造成柿子腐坏。

冰箱冷冻法：将柿子用保鲜袋装好，放在冷冻室里，冷冻保存柿子，这样能保存很长时间。

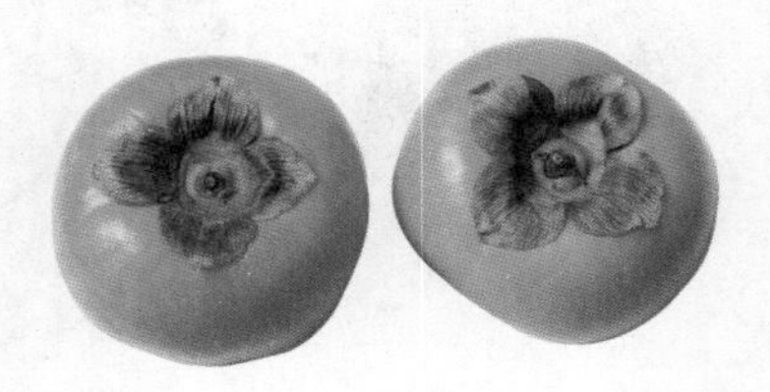

美味菜谱

柿子冰激凌

• 烹饪时间：5小时15分钟　• 功效：美容养颜

原料　牛奶300毫升，植物奶油300克，糖粉150克，蛋黄2个，玉米淀粉15克，柿子泥300克

做法　1.锅中倒入玉米淀粉，加入牛奶，拌匀，煮至80℃关火，倒入糖粉，拌匀。2.玻璃碗中倒入蛋黄打成蛋液，倒入步骤1中的奶浆，倒入植物奶油拌匀。3.倒入柿子泥，打匀，制成冰激凌浆，倒入保鲜盒，封上保鲜膜，放入冰箱冷冻5小时至定型，取出即可。

石榴

热　量： 63千卡/100克

盛产期： 1 2 3 4 5 6 7 8 9 10 11 12（月份）

石榴简介： 石榴成熟的季节是中秋、国庆两大节日期间，它是馈赠亲友的吉祥佳品。

别名： 安石榴、海榴、若榴、丹若

性味归经： 性平，味甘、酸、涩，归脾、胃经。

营养成分： 含蛋白质、糖类、钙、磷、维生素B_1、维生素B_2、维生素C、花青素、红石榴多酚等。

挑选石榴，要懂看颜色，如果发现石榴的颜色比较鲜艳，而且表皮比较光亮而不是发暗的话，说明石榴是比较新鲜的。如果石榴表皮光滑，没有褶皱或者裂痕就说明石榴很新鲜。在差不多大的石榴中，如果其中一个放在手心感觉重一点的，那就是熟透了的，里面水分会比较多。

1. 石榴富含维生素 C，能预防维生素 C 缺乏症，可美白皮肤。
2. 石榴富含红石榴多酚，可以清除自由基、延缓衰老。
3. 石榴富含花青素，抗衰老的同时可以保护视力。

安全处理

清洗：石榴营养丰富，入口前必须将表皮仔细清洗干净，可将石榴放进盆里，加入适量的清水，用毛刷在石榴表皮刷洗，再用清水冲洗干净即可。

正确保存

通风保存法：将石榴放进保鲜袋里，装袋前先检查袋壁有无破损和漏气，初期不要扎紧袋口，折叠拧紧即可。贮放一个月后，每半个月检查一次。当外界气温降至 5℃以后，扎紧袋口，放在室内通风阴凉处。

容器保存法：选干净无油垢的坛、缸、罐等容器，底部铺一层湿沙，厚 5 厘米，中央放一个草制通气筒，将石榴放满容器为度，上面盖一层湿沙，用塑料薄膜封好即可。此法仅作少量贮藏。

美味菜谱

石榴鸡蛋沙拉

• 烹饪时间：5分钟　• 功效：增强免疫力

原料　石榴 30 克，松子 10 克，鸡蛋 1 个，洋葱 30 克，鸡胸肉少许

调料　橄榄油、沙拉酱、醋、盐各适量

做法　1.锅中倒水烧开，加盐，放入鸡胸肉汆熟，取出沥水，撕成粗条，加醋拌匀。2.石榴剥壳取籽，洋葱洗净切碎。3.鸡蛋打入碗中搅匀，再放入洋葱碎、盐拌匀，入锅翻炒至蛋液凝固。4.将鸡蛋、鸡胸肉、石榴、松子拌匀，淋入橄榄油、沙拉酱即可。

香蕉

热　量：91千卡/100克

盛产期：1 2 3 4 5 6 7 8 9 10 11 12（月份）

香蕉简介：中国是世界上最早栽培香蕉的国家之一，香蕉果实长而弯，味道香甜，与菠萝、龙眼、荔枝并称为“南国四大果品”。

一般香蕉的外皮是完好无损的，如果有损烂，就影响食用了。另外，看外皮的话，可能会发现香蕉的外皮有黑点，这个是比较正常的，只要出现黑点的地方没有烂，都是适合食用的。另外，香蕉柄部有青绿色，也是正常的，因为这个部分是成熟最晚的。

1. 香蕉富含维生素 A，能促进生长，维持正常的生殖力和视力。
2. 香蕉富含维生素 B_1，能抗脚气病，促进食欲，助消化，保护神经系统。
3. 香蕉富含维生素 B_2，能促进人体正常生长和发育。
4. 香蕉富含钾，能帮助控制血压。

安全处理

清洗：由于香蕉的表皮上除了残留农药外，还含有防腐剂、催熟剂等对人体有害的物质，所以进食前，还是清洗干净更为安全。将香蕉在流水下冲洗干净，沥干水分即可。

正确保存

通风保存法：用清水冲洗几遍，用干净的抹布擦干水分，表皮要保持无水分的干燥状态，用几张白纸将香蕉包裹起来，放到室内通风阴凉处，注意接触面尽量小。或直接将整串香蕉悬挂起来，同样能延长保存时间。

冰箱冷藏法：将未成熟的香蕉放入冰箱冷藏室内贮存，能使香蕉保鲜较长时间，即使外皮变色，里面也一样新鲜。

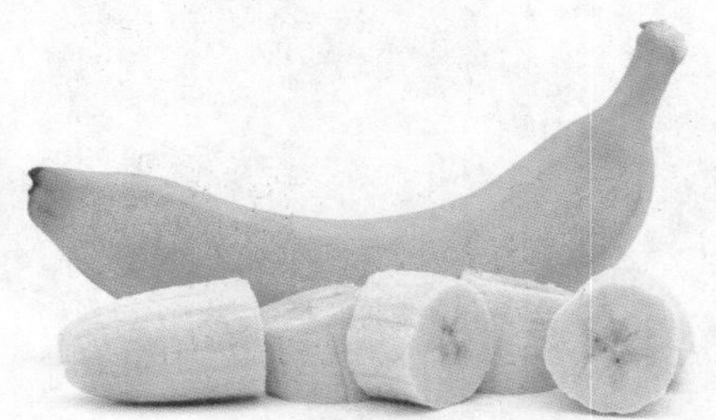

美味菜谱

红豆香蕉椰奶

• 烹饪时间：68分钟　　• 功效：益气补血

原料　水发红豆 230 克，香蕉 1 根，椰奶、豆浆各 100 毫升，抹茶粉 10 克，蜂蜜 3 克，椰子油 8 毫升

做法　1.香蕉剥皮，切厚片，待用。2.锅中注入清水烧开，倒入红豆，用大火煮开后转小火煮1小时，盛出装碗。3.取一碗，倒入椰奶、豆浆、蜂蜜、椰子油，放入一半抹茶粉、红豆拌匀。4.将香蕉片平铺在碗底，倒入红豆椰奶汁，放上剩余抹茶粉即可。

猕猴桃

热　量： 50千卡/100克

盛产期： 1 2 3 4 5 6 7 8 9 10 11 12（月份）

猕猴桃简介： 猕猴桃果肉质地柔软，味道有时被描述为草莓、香蕉、菠萝三者味道的结合。因为果皮覆毛，貌似猕猴而得名。

别名： 奇异果、藤梨、毛梨、猕猴梨

性味归经： 性寒，味酸、甘，归胃、膀胱经。

营养成分： 含蛋白质、膳食纤维、维生素C、维生素E、糖类、果胶、胡萝卜素、钙、磷、铁、钠、钾、镁等。

食材选购

一般在外观上大小均匀、体形饱满的，都是日照时间比较长的，那样的猕猴桃也就会更甜一些。同时，猕猴桃要挑选头尖尖的那种，一般那样的激素用得要少一些。在挑选猕猴桃的时候，建议挑选果皮呈黄褐色、有光泽的。

营养功效

1. 猕猴桃中富含维生素 C，可以强化免疫系统、美白皮肤。
2. 猕猴桃富含的肌醇及氨基酸，可抑制抑郁症、补充脑力所消耗的营养细胞。
3. 猕猴桃属于低钠高钾食品，可补充熬夜所失去的体力。
4. 猕猴桃富含果胶及维生素 E，对心脏健康很有帮助，可降低胆固醇。
5. 猕猴桃富含膳食纤维，可刺激肠胃蠕动，帮助排便。

食盐清洗法： 准备一碗淡盐水，搅匀。将猕猴桃放入盐水中，浸泡 15 分钟左右，用手抓洗一下，可用软毛刷轻轻刷洗表面，将表面的毛刷洗干净，放在流水下冲洗，沥干水分即可。

淘米水清洗法： 将猕猴桃放在淘米水中，浸泡 15 分钟左右，用手将猕猴桃表面的毛搓洗干净，再将猕猴桃放在流水下冲洗，沥干水分即可。

正确保存

冰箱冷藏法： 猕猴桃适合冷藏保存，保存猕猴桃的温度适宜 -1 ~ 1℃，相对湿度 90% ~ 95%为宜，一般可储藏 5 个月左右。

容器保存法： 不可将猕猴桃放置于通风处，因为这样水分容易流失，会变得越来越硬。正确的方法是，将软的、硬的分别存放于箱子中，且密封好，防止水分流失。在食用时，先吃放软的猕猴桃。

美味菜谱 猕猴桃大杏仁沙拉

• 烹饪时间：5分钟　　• 功效：开胃消食

原料　猕猴桃 130 克，大杏仁 10 克，生菜 50 克，圣女果 50 克，柠檬汁 10 毫升

调料　蜂蜜2克，橄榄油10毫升，盐少许

做法　1.圣女果洗净对半切开，猕猴桃去皮切成片，生菜洗净切成块。2.取一个大碗，放入生菜、大杏仁、猕猴桃、圣女果、柠檬汁、盐、蜂蜜、橄榄油，拌匀，装入盘中即可。

杨桃

热　量： 35千卡/100克

盛产期： 1 2 3 4 5 6 7 8 9 10 11 12（月份）

杨桃简介： 杨桃属热带、南亚热带水果，原产印度，我国的海南省也有栽培。杨桃有甜杨桃和酸杨桃之分，是海南省闻名遐迩的佳果。

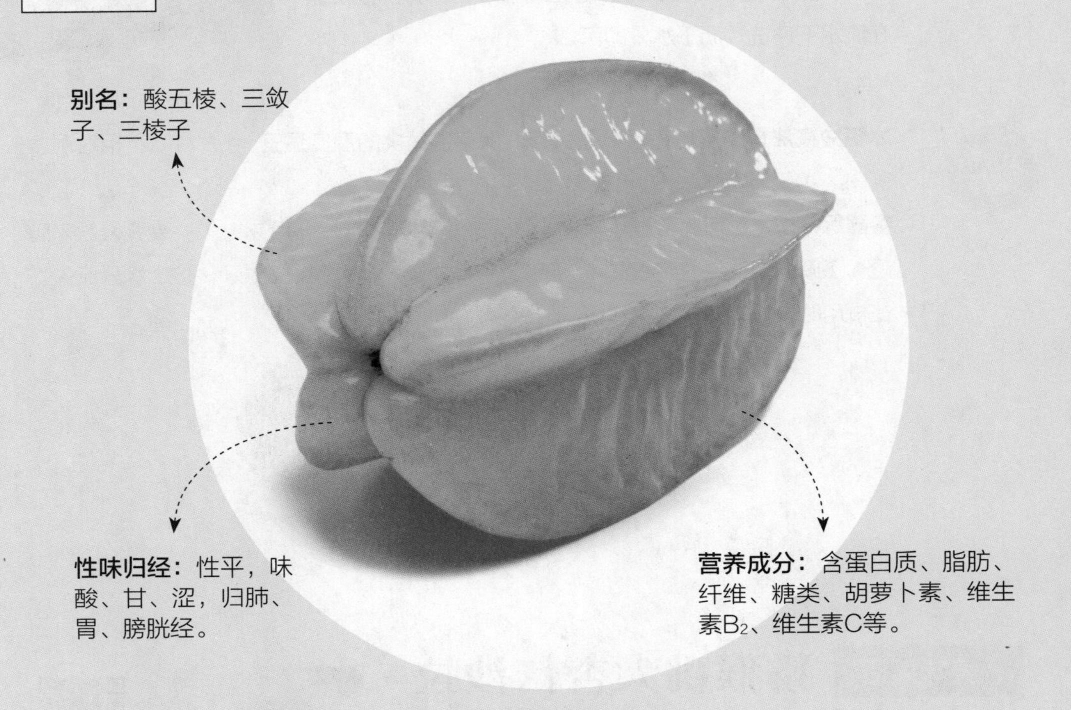

外观完整，无外伤，且不奇形怪状，以棱片肉较肥厚，呈青绿色，富光泽的杨桃口感较佳。又因杨桃没有后熟作用，挑选时，绿中带黄的杨桃代表成熟度刚好。

1. 杨桃富含草酸、柠檬酸、苹果酸等，能提高胃液的酸度，促进食物的消化。
2. 杨桃富含维生素 C，可强化免疫系统、美白皮肤。
3. 杨桃富含多种糖类，果汁充沛，能迅速补充人体的水分而达到止渴的目的，并使体内热毒或酒毒随小便排出体外。

安全处理

食盐清洗法：杨桃放入盆中，注入清水，再加入适量盐。把杨桃放在盐水中浸泡一会儿，用手轻轻搓洗，捞出杨桃，用清水冲洗干净，沥干水分即可。

淀粉清洗法：将杨桃放入盆中，往盆中注入清水，再倒入适量淀粉，将淀粉搅拌均匀，将杨桃浸泡几分钟后搓洗干净，用清水将杨桃冲洗干净，沥干水分即可。

果蔬清洁剂清洗法：将杨桃放入盆中，往盆中注入清水，加入适量果蔬清洁剂，将杨桃浸泡 5 分钟左右。将杨桃捞出，用清水冲洗干净，沥干水分即可。

正确保存

杨桃含水量多，而且怕压，可用厨房用纸、白纸包装，再套上一个有孔的保鲜袋后放入冰箱里，层数不要太多，储存在 3 ~ 5℃条件下，熟透果实可存放 2 天，青果实可存三四周。但是，如果存放时间太长，果肉内部会失水发糠，味道变淡，失去食用价值。

美味菜谱

杨桃炒牛肉

• 烹饪时间：5分钟　• 功效：降低血压

原料　牛肉130克，杨桃120克，彩椒50克，姜片、蒜片、葱段各少许

调料　盐3克，生粉、白糖各少许，蚝油6克，料酒4毫升，生抽10毫升，水淀粉、食用油各适量

做法　1.彩椒洗净切小块，牛肉洗净切片，杨桃洗净切片。2.牛肉片用生抽、生粉、盐、水淀粉腌渍。3.锅中注水烧开，倒入牛肉汆熟捞出。4.用油起锅，放入姜片、蒜片、葱段、牛肉片、料酒、杨桃片、彩椒、生抽、蚝油、盐、白糖、水淀粉，炒匀即可。

火龙果

热　量： 60千卡/100克

盛产期： ①②③④⑤⑥⑦⑧⑨⑩⑪⑫（月份）

火龙果简介： 火龙果因其外表肉质鳞片似蛟龙外鳞而得名。它集水果、花卉、蔬菜、医药为一体，被称为“无价之宝”。

别名： 青龙果、红龙果、仙人果、吉祥果

性味归经： 性凉，味甘，归胃、大肠经。

营养成分： 含糖类、水溶性膳食纤维、B族维生素、维生素C、果糖、葡萄糖、胡萝卜素，以及钙、磷、铁等。

火龙果形态美观，购买时，可根据外观、颜色、重量等判断其品质优劣。挑火龙果要选胖乎乎的、短一些的，表皮要红且光滑，绿色的部分要鲜亮，掂量重量时更沉的为佳，如若摸上去软硬适中则为最好。

1. 火龙果中花青素含量较高。花青素是一种效用明显的抗氧化剂，它具有抗氧化、抗自由基、抗衰老的作用，还具有抑制脑细胞变性，预防痴呆症的作用。

2. 火龙果富含维生素 C，可以消除氧自由基，具有美白皮肤的作用。

3. 火龙果中芝麻状的种子，有促进胃肠消化的功能。

安全处理

清洗：火龙果是去皮食用的，所以将果皮简单清洗一下即可。将火龙果放入盆中，往盆中注入清水，用手将火龙果简单搓洗一遍，再将火龙果放在流水下冲洗干净，沥干水分即可。

正确保存

通风保存法：一般来讲，刚从超市购买的火龙果要延长它的保鲜期，通常要放于阴凉通风的地方。从超市里购买的成熟火龙果，一般只能保存一两天。

冰箱冷藏法：当使用冰箱保存火龙果时，前期不能对火龙果进行清洗。要用保鲜膜或者保鲜袋进行密封，防止水分蒸发，但是要在保鲜袋上扎几个孔，保持良好的透气性，以免造成腐烂。

美味菜谱

火龙果炒饭

• 烹饪时间：4分钟　　• 功效：美容养颜

原料　火龙果350克，熟米饭160克，鸡蛋液65克，香菇35克，去皮胡萝卜40克，黄瓜55克

调料　盐、鸡粉各1克，食用油适量

做法　1.香菇、胡萝卜、黄瓜均洗净切丁；火龙果切两半，挖出果肉，外皮留用作盅，果肉切小块；将蛋液与熟米饭混合均匀。2.热锅注油，倒入香菇丁、胡萝卜丁、米饭和蛋液炒熟，加入盐、鸡粉、火龙果、黄瓜丁，炒匀，装入果盅内即可。

橘子

热　量： 57千卡/100克

盛产期： ①②③④⑤⑥⑦⑧⑨⑩⑪⑫（月份）

橘子简介： 橘子果实外皮肥厚，内藏瓤瓣，由汁泡和种子构成。橘子色彩鲜艳、酸甜可口，是秋冬季常见的美味佳果。

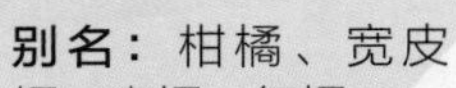

别名： 柑橘、宽皮橘、蜜橘、红橘

性味归经： 性平，味甘、酸，归肺、胃经。

营养成分： 含蛋白质、脂肪、糖类、粗纤维、钙、磷、铁、胡萝卜素、维生素C、柠檬酸等。

食材选购

表皮呈橙黄色，且色泽闪亮的橘子一般最佳。成熟适度的橘子果皮不软不硬，有较强的弹性，还会具有很浓的香味，香气扑鼻。用手掂一掂重量，两个同样大小的橘子，没有完全成熟的会因为含水分过多而分量过重，成熟过度的橘子因含水分过少而分量过轻。

营养功效

1. 橘子富含维生素 C 与柠檬酸，前者具有美容作用，后者则具有消除疲劳的作用。
2. 橘子内侧薄皮含有膳食纤维及果胶，可以促进大小便排泄，降低血液中的胆固醇含量。
3. 橘子中含橘皮苷，可以加强毛细血管的韧性，降低血压，扩张心脏的冠状动脉。

安全处理

清洗：虽然橘子剥皮食用，但还是应该将表皮仔细清洗干净。将橘子放进盆里，加入适量的清水，用毛刷刷洗橘子表面，再用清水冲洗干净即可。

正确保存

通风储存法：在常温下，将橘子放在阴凉通风处可以保存 1 个星期，如果套上保鲜袋，储存的时间则更长。

冰箱冷藏法：不要清洗橘子，用纸张包覆后再放入保鲜袋，存入冰箱冷藏室。保鲜袋能防止冰箱里的空气吸收水果水分，纸张则帮助吸收水分，避免水汽凝结滋生细菌、发霉。

苏打保存法：把橘子浸泡在小苏打水中，1 分钟后捞出。待表皮水分晾干后，装进保鲜袋中，密封袋口，可保鲜 3 个月。

茶叶保存法：将茶叶装入透气好的布袋中，每袋装入量为 10 克，封口备用。取杀菌处理后的橘子 3 千克，与茶叶共同装入塑料包装袋中，扎实密封，放入阴凉处即可保鲜贮藏。

美味菜谱

橘子红薯汁

• 烹饪时间：2分钟　　• 功效：降低血脂

原料　橘子 2 个，去皮熟红薯 50 克，肉桂粉少许

做法　1.红薯切块；橘子剥皮，去筋，剥成小瓣，待用。2.将红薯块倒入榨汁机中，放入橘子瓣，注入80毫升的凉开水。3.盖上盖，榨约15秒成蔬果汁。4.断电后揭开盖，将蔬果汁倒入杯中，放上肉桂粉即可。

橙子

热　量：47千卡/100克

盛产期：①②③④⑤⑥⑦⑧⑨⑩⑪⑫（月份）

橙子简介：橙子是一种柑果，颜色鲜艳，酸甜可口，外观整齐漂亮，是深受人们喜爱的水果，也是走亲访友、探望病人的礼品水果之一。

别名：橙、黄橙、金环、黄果

性味归经：性微凉，味甘、酸，归肺、肝、胃经。

营养成分：含糖类、维生素A、维生素B_1、维生素B_2、维生素C、胡萝卜素、钙、镁、铁、钾、磷、烟酸等。

食材选购

以大、中个头的橙子质量较好，果肉营养充足，其味鲜甜。品质优良的橙子，皮橙黄、光滑、新鲜、清洁。用手掂一掂，橙子重的水分多，好吃；轻的水分少，不好吃。

营养功效

1. 橙子含有大量维生素 C 和胡萝卜素，可以抑制致癌物质的形成，还能软化和保护血管，促进血液循环，降低胆固醇和血脂。
2. 研究显示，每天喝 3 杯橙汁可以增加体内高密度脂蛋白（HDL）的含量，从而降低患心脏病的风险。
3. 经常食用橙子，对预防胆囊疾病有效。

安全处理

清洗：橙子要剥皮食用，所以将果皮简单清洗一下就可以了。将橙子放入盆中，注入清水，用刷子刷洗橙子表皮，去除污物，用流水清洗干净，沥干水分即可。

正确保存

通风保存法：在橙子表面包一层保鲜膜，放在通风通气地方，比如家里的阳台。

冰箱冷藏法：把橙子擦干净，晾干，用保鲜膜包裹橙子，不让它透气，然后放入冰箱冷藏室，可保存两三个月。

容器保存法：如果是整箱的橙子，必须全部取出，用湿布擦干净橙子表面，晾干，把晾干的橙子用保鲜袋包装，放回箱中。记住，在擦拭橙子的时候，要把挤压或者有外皮损伤的橙子拿出来尽快吃掉。保鲜袋要系紧，封口，把箱子放到阴凉的地方。

美味菜谱

橙子甜菜根沙拉

• 烹饪时间：3分钟　• 功效：开胃消食

原料　橙子、甜菜根各 60 克，莴笋叶 10 克，葱 10 克

调料　盐、油醋汁、橄榄油、蛋黄酱各适量

做法　1.莴笋叶洗净，切丝；葱洗净，切末。2.橙子去皮，切薄片。3.甜菜根洗净去皮，切薄片，入锅中煮熟，捞出。4.将橙子、甜菜根、莴笋叶均放入碗中，加盐、油醋汁、橄榄油拌匀，撒上葱末，可在食用时适量添加蛋黄酱。

柚子

热　量： 37千卡/100克

盛产期： ①②③④⑤⑥⑦⑧⑨⑩⑪⑫（月份）

柚子简介： 柚子清香、酸甜，营养丰富，药用价值很高，是人们喜食的水果之一，也是医学界公认的最具食疗价值的水果。

别名： 香栾、文旦、朱栾

性味归经： 性凉，味甘、酸，归肺、脾经。

营养成分： 含有糖类、维生素B_1、维生素B_2、维生素C、维生素P、胡萝卜素、钾、钙、磷、枸橼酸等。

柚子的果形以果蒂部呈短颈状的梨形为好，多数为皮薄、肉清甜的。成熟的柚子表面应该是呈略深色的橙黄色。品质优良的柚子，果面可略闻到香甜气味。

1. 柚子含大量的维生素 C，能降低血液中的胆固醇。
2. 柚子所含的天然叶酸，对怀孕中的妇女有促进胎儿发育的功效。
3. 新鲜的柚子肉中含有类似于胰岛素作用的成分——铬，能降低血糖。
4. 柚子含有生理活性物质皮苷，可降低血液的黏滞度，减少血栓形成，对脑血管疾病如脑血栓、脑卒中等有较好的预防作用。

安全处理

清洗：柚子入口前必须将表皮仔细清洗干净，可往盆里注入清水，用毛刷刷洗柚子，冲洗干净，沥干水分即可。

正确保存

通风保存法：柚子最好放在通风处，温度不宜过低，最好在10℃以上。柚子怕水，最好不要沾水，但最怕的还是酒，千万不要让酒沾到柚子，一沾到酒很快就会腐烂。

冰箱冷藏法：柚子可以放冰箱，把剥好的柚子再用它自己的皮裹起来存放，可以很好地保持柚子的鲜甜跟水分。也可以将剥好的柚子用保鲜膜包好，放进冰箱冷藏保存。

美味菜谱

枸杞蜂蜜柚子茶

• 烹饪时间：25分钟　• 功效：开胃消食

原料　柚子皮100克，水发枸杞10克，冰糖60克，蜂蜜30克

做法　1.备好的柚子皮切成丝。2.砂锅中放入泡枸杞的水，再倒入适量清水。3.倒入柚子皮丝、冰糖，拌匀，大火煮开后转小火煮10分钟，倒入枸杞，拌匀。4.小火续煮2分钟，淋入备好的蜂蜜，搅拌匀。5.关火后将煮好的柚子茶装罐中，放凉，盖上盖，密封2天即可食用。

柠檬

热　量： 31千卡/100克

盛产期： 1 2 3 4 5 6 7 8 9 10 11 12（月份）

柠檬简介： 柠檬因其味极酸，肝虚孕妇最喜食，故称益母果或益母子。柠檬中含有丰富的柠檬酸，因此被誉为“柠檬酸仓库”。

别名： 柠果、洋柠檬、益母果

性味归经： 性微寒，味酸、微甘，归胃、肺经。

营养成分： 含钙、磷、铁、维生素C、维生素B_1、维生素B_2、烟酸、奎宁酸、柠檬酸、苹果酸，以及糖类等。

食材选购

观察柠檬的果蒂部分，选择果蒂绿色、完整、饱满、不脱落的柠檬。挑选中等大小、果皮颜色鲜艳有光泽、颜色均匀的柠檬。买的时候要掂量一下，挑选较重的柠檬，这样的柠檬水分会比较充足。

营养功效

1. 柠檬含有烟酸和丰富的有机酸，其味极酸，但它属于碱性食物，食用后有利于调节人体酸碱度。
2. 柠檬富有香气，能去除肉类、水产的腥膻之气，并能使肉质更加细嫩。
3. 吃柠檬还可以防治心血管疾病，能抑制钙离子促使血液凝固的作用，有助于防治高血压。

安全处理

食盐清洗法： 柠檬的表皮有食用价值，所以一定要选取正确的清洗方法，避免营养流失。可以将柠檬放入水中，加入适量的食盐，搅匀，浸泡 10 分钟左右，用手搓洗柠檬，再放在流水下冲洗干净，沥干水分即可。

淘米水清洗法： 将柠檬放入淘米水中，浸泡 10 分钟左右，用手搓洗柠檬，再将柠檬放在流水下冲洗干净，沥干水分即可。

淀粉清洗法： 在容器里加水，加入适量的淀粉，搅匀。将柠檬放入水中，浸泡 10 分钟左右。最后将柠檬用清水冲洗干净，沥干水分即可。

正确保存

通风保存法： 将柠檬放在通风阴凉处，在常温下可以保存 1 个月左右。

冰箱冷藏法： 把柠檬用保鲜袋包好放进冰箱冷藏，可以放置较长时间。

腌制保存法： 切开后一次吃不完的柠檬，可以切片放在蜂蜜中腌制，日后拿出来泡水喝。也可切片放在冰糖或白糖中腌制，也可用来泡水喝。不过两种方法都要保证不要带水，否则有可能会烂掉。

美味菜谱

柠檬薄荷盐猪肉

• 烹饪时间：5分钟　• 功效：益气补血

原料　猪肉 200 克，柠檬 160 克，西红柿 60 克，薄荷碎、蒜末各适量

调料　生粉15克，椰子油、黑胡椒粉、盐各适量

做法　1.猪肉、柠檬、西红柿切片，猪肉片放生粉拌匀。2.锅中注水烧开，倒入猪肉，氽熟捞出，过凉水。3.把猪肉装入碗中，放入蒜末、适量薄荷碎、椰子油、盐、黑胡椒粉拌匀。4.盘中铺上猪肉，摆上柠檬片、西红柿片，依此顺序放完剩余的食材，再挤上柠檬汁，撒上薄荷碎即可。

桃子

热　量： 36千卡/100克

盛产期： ①②③④⑤⑥⑦⑧⑨⑩⑪⑫（月份）

桃子简介： 桃子果实多汁，可以生食或制成桃脯、罐头等。果肉有白色和黄色的，在亚洲最受欢迎的品种一般多为白色果肉的，多汁而甜。

食材选购

购买桃子时，以个头大小适中的为佳；桃子的颜色要鲜亮，果皮为黄白色，顶端和向阳面微红为佳；用力按压时硬度适中，不出水的为宜，太软则容易烂。

1. 桃肉含钾多、含钠少，尤其适合水肿病人食用。
2. 桃仁有活血化瘀、润肠通便的作用，可用于闭经、跌打损伤等的辅助治疗。
3. 中医认为，桃子有补益气血、养阴生津的作用，可用于大病之后气血亏虚、面黄肌瘦、心悸气短者的食疗和补养。

安全处理

食盐清洗法：把桃子全部打湿，撒上食盐，用手把它整个揉搓一遍，再用清水冲洗干净。

碱水清洗法：准备适量清水，加入食用碱搅匀。放入要洗的桃子，浸泡几分钟，取出用清水冲洗干净。

毛刷清洗法：桃子先不要沾水，用毛刷直接刷表面，尤其是有凹陷的地方，然后用清水冲洗干净就可以了。用毛刷的话，桃毛和脏东西都会轻易去除的。

正确保存

通风保存法：桃子若需在常温下保存，要放置于阴凉的通风处。

冰箱冷藏法：桃子如果要长时间冷藏的话，要先用纸将桃子一个个包好，再放在冰箱中，避免桃子直接接触冷气。适宜的冷藏温度为-0.5～0℃，相对湿度为90%。

美味菜谱

黄桃奶酪沙拉

• 烹饪时间：5分钟　• 功效：美容养颜

原料　黄桃、西蓝花各 50 克，奶酪 30 克，蛋糕 20 克，菠菜叶少许

调料　油醋汁、胡椒碎、盐各适量

做法　1.黄桃洗净，去皮去核后切瓣。2.西蓝花洗净，入煮沸的淡盐水中焯熟，捞出。3.菠菜叶焯水后捞出，摆入盘中。4.蛋糕切成小块，备用。5.将黄桃、西蓝花、蛋糕、奶酪放入菠菜叶上，淋上油醋汁，撒上胡椒碎即可。

樱桃

热　量： 70千卡/100克

盛产期： 1 2 3 4 5 6 7 8 9 10 11 12（月份）

樱桃简介： 樱桃，据说黄莺特别喜好啄食这种果子，因而又名“莺桃”。其果实虽小如珍珠，但色泽红艳光洁，玲珑如玛瑙宝石一样。

别名： 车厘子、莺桃、荆桃、楔桃

性味归经： 性热，味甘、涩，归肝、脾经。

营养成分： 含糖类、蛋白质、维生素A、维生素C、胡萝卜素、钾、钙、磷、铁等。

食材选购

要挑外表光滑、个头大的樱桃，吃起来会比较爽口、有嚼劲。不宜选购表皮有外伤或有斑点的樱桃。颜色越深的甜度越高，果皮深红色的就是很甜的樱桃了。如果果皮接近黑色，而它原本应当是鲜红色的，就不要购买了。

营养功效

1. 樱桃含铁量高，位居各种水果之首，经常食用，能促进血红蛋白再生，又可增强体质、健脑益智。
2. 麻疹流行时，给小儿饮用樱桃汁能够预防感染。樱桃核则具有发汗透疹、解毒的作用。
3. 樱桃性温热，兼具补中益气之功，能祛风除湿，对风湿腰腿疼痛有良效。

安全处理

食盐清洗法： 用筛筐装好樱桃，用流动的清水冲洗2分钟，再用淡盐水浸泡10分钟，最后用清水冲洗即可。

淘米水清洗法： 把樱桃浸在淘米水中 3 分钟，再用流动的自来水冲净淘米水及可能残存的有害物质，用清水（或冷开水）冲洗一遍即可。

碱水清洗法： 在水中放入一些食用碱，稍微搅匀，放入樱桃泡 10 分钟左右，再轻轻把樱桃揉搓一遍，这样能把大部分脏东西洗掉，再用清水冲洗干净。

正确保存

樱桃怕热，适合温度在2～5℃，所以最好存放在冰箱里，以保持鲜嫩的口感。保存时应该带着果梗保存，否则极易腐烂。樱桃通常保存3～7天，超过一周就易腐烂。建议不要用保鲜袋或塑料盒来装樱桃，因为透气性不好，最好用保鲜盒来盛放。

美味菜谱

樱桃豆腐

• 烹饪时间：6分钟　• 功效：益气补血

原料　樱桃 130 克，豆腐 270 克

调料　盐2克，白糖4克，鸡粉2克，陈醋10毫升，水淀粉6毫升，食用油适量

做法　1.洗好的豆腐切成小方块。2.煎锅上火烧热，淋入食用油，倒入豆腐，煎至两面金黄色，关火后盛出。3.锅底留油烧热，注入清水，放入樱桃，加入盐、白糖、鸡粉、陈醋拌匀，用大火煮至沸，倒入豆腐，煮至入味，用水淀粉勾芡，关火后盛出即可。

杨梅

热　量：28千卡/100克

盛产期：①②③④⑤⑥⑦⑧⑨⑩⑪⑫（月份）

杨梅简介：杨梅味道似梅子，因而取名杨梅。它是我国特产水果之一，素有“初疑一颗值千金”之美誉。

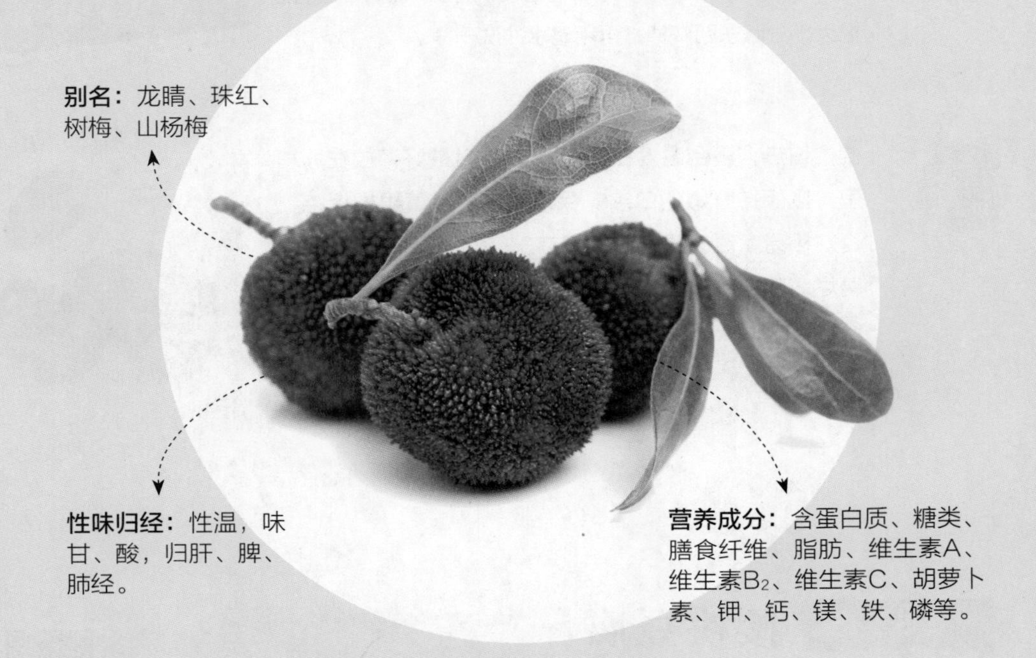

别名：龙睛、珠红、树梅、山杨梅

性味归经：性温，味甘、酸，归肝、脾、肺经。

营养成分：含蛋白质、糖类、膳食纤维、脂肪、维生素A、维生素B_2、维生素C、胡萝卜素、钾、钙、镁、铁、磷等。

杨梅以颗粒饱满，色泽稍黑的为佳；果肉外表为圆刺的杨梅比较甜，而果肉外表为尖刺的杨梅稍微酸一些。在挑选杨梅时应留意颜色，如果颜色过于黑红可能是经过染色的。

1. 杨梅含有果酸，既能开胃生津、消食解暑，又有阻止体内的糖向脂肪转化的功能，有助于减肥。
2. 杨梅中含有 B 族维生素、维生素 C，对防癌抗癌有积极作用。
3. 杨梅对大肠杆菌、痢疾杆菌等细菌有抑制作用，能辅助治疗痢疾腹痛，对下痢不止者有良效。

食盐清洗法：将杨梅清洗干净后，需用盐水浸泡20～30分钟再食用，因盐水有杀菌的作用，也可帮助去除隐藏于杨梅果肉中的寄生虫。

淘米水清洗法：淘米水呈碱性，能够促使酸性农药溶解在水中，用来清洗表皮粗糙不平的水果是最合适的了。杨梅的表面就是粗糙不平的，当然也是可以用淘米水来清洗的。清洗的时候先将完整的杨梅放入淘米水中浸泡15分钟，然后用清水不停地冲洗。

淀粉清洗法：在水里加一勺淀粉，将杨梅放进水里涤荡，就会看见脏物被清出来了，再用清水冲干净就可以了。

正确
保存

通风保存法：将杨梅放置于透风的篮子里，放在阴凉处，可保存一两天。

冰箱冷藏法：为了保证杨梅的品质与风味，延长它的保存期限，可装进保鲜盒内，放在0～0.5℃的冰箱冷藏室中，建议在相对湿度为85%～90%的环境下保存。杨梅千万不能清洗之后贮藏。

美味菜谱

梦幻杨梅汁

• 烹饪时间：1分钟　　• 功效：开胃消食

原料　杨梅100克

调料　白糖15克

做法　1.洗净的杨梅取果肉切小块。2.取备好的榨汁机，倒入杨梅果肉。3.加入白糖，注入适量纯净水，盖好盖子。4.选择“榨汁”功能，榨取果汁。5.断电后倒出杨梅汁，装入杯中即成。

荔枝

热　量： 70千卡/100克

盛产期： ①②③④⑤⑥⑦⑧⑨⑩⑪⑫（月份）

荔枝简介： 荔枝是我国江南的名贵水果。由于荔枝色泽鲜艳，壳薄瓤厚，香气清远，所以历代文豪几乎都留下了赞誉荔枝的佳句。

别名： 离枝、离支、丽支、丹荔、勒荔

性味归经： 性温，味甘、酸，归心、脾、肝经。

营养成分： 含有蛋白质、脂肪、维生素A、B族维生素、维生素C、葡萄糖、果糖、蔗糖、苹果酸、磷、铁及柠檬酸等。

食材选购

选购荔枝时，可以从外形、气味、软硬等方面判定品质优劣。荔枝颜色不是很鲜艳，而是暗红稍带绿，且带有一种清香的气味，则很新鲜。如果荔枝龟裂片平坦，缝合线明显，这样的荔枝是甘甜的。新鲜荔枝摸着是硬实而富有弹性的，尝味时果汁清香诱人，酸甜可口。

营养功效

1. 荔枝所含丰富的糖分，具有补充能量、缓解疲劳的功效。
2. 荔枝含有丰富的维生素，可促进微细血管的血液循环，防止雀斑的生成，令皮肤更加光滑细腻。

安全处理

食盐清洗法：用稀释过的盐水浸泡荔枝 10 分钟左右，然后过水洗净即可。

淘米水清洗法：荔枝虽然要剥壳食用，但为了保证果肉的洁净，仍需彻底清洁，可用淘米水浸泡 10 分钟左右。淘米水呈碱性，可有效地去除果面残留的酸性农药，然后不断地进行淘洗，最后用清水冲洗即可。

毛刷清洗法：用硬毛刷在清水中不断刷洗，可有效去除脏污。

正确保存

通风保存法：在常温下，可以用保鲜袋密封后放在阴凉处，一般可以保存 6 天。若有条件，可将装荔枝的保鲜袋浸入水中。这样，荔枝经过几天后其色、香、味仍保持不变。

冰箱冷藏法：在荔枝上喷点水，装在塑料保鲜袋中，放入冰箱，利用低温高湿（2 ~ 4℃，湿度 90% ~ 95%）保存。将袋中的空气尽量挤出，可以降低氧气比例，以减慢氧化速度，提高保鲜的效果。

美味菜谱

红枣荔枝桂圆糖水

• 烹饪时间：26分钟　• 功效：美容养颜

原料　红枣 6 克，荔枝干 7 克，桂圆肉 12 克

调料　冰糖15克

做法　1.砂锅中注入清水烧开，倒入洗净的荔枝干、桂圆肉、红枣。2.烧开后用小火煮20分钟至材料熟软，加入冰糖，搅拌均匀。3.用小火续煮5分钟至冰糖溶化，搅拌均匀，关火后盛出煮好的糖水即可。

龙眼

热　量：83千卡/100克

盛产期：①②③④⑤⑥⑦⑧⑨⑩⑪⑫（月份）

龙眼简介：果供生食或加工成干制品，肉、核、皮及根均可做药用。原产于中国南部及西南部，世界上有多个国家和地区均栽培龙眼。

别名：桂圆、羊眼、牛眼

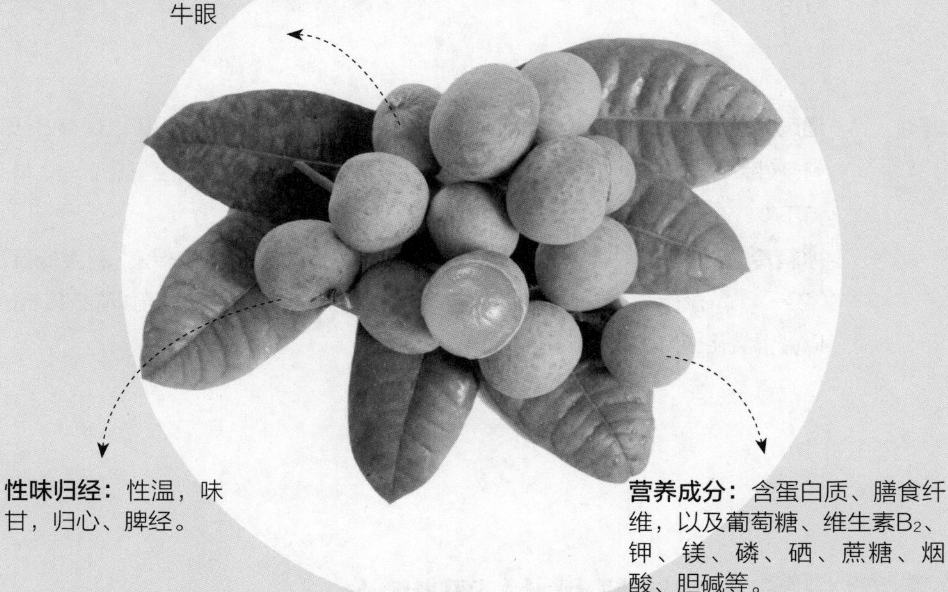

性味归经：性温，味甘，归心、脾经。

营养成分：含蛋白质、膳食纤维，以及葡萄糖、维生素B_2、钾、镁、磷、硒、蔗糖、烟酸、胆碱等。

食材选购

龙眼的果皮要选择无斑点、干净整洁的。有的外表长了霉点，这样的龙眼对身体是很有害的，千万不要买。外表有裂纹的也不要买，里面的味道会很怪异。颜色的挑选是非常重要的，一般要选择土黄色的，这种龙眼的日照、水分都是比较充足的。

营养功效

1. 龙眼的糖分含量很高，且含有能被人体直接吸收的葡萄糖，体弱贫血、年老体衰、久病体虚者，经常吃些龙眼具有补益作用，能安神，可治失眠、健忘。
2. 龙眼肉含有蛋白质、脂肪、糖类、有机酸、粗纤维、多种维生素及矿物质等，能够抑制脂质过氧化，提高抗氧化酶活性，有一定的抗衰老作用。
3. 中医认为，龙眼肉味甘性温，归心、脾经，适用于心脾两虚证及气血两虚证患者。

安全处理

食盐清洗法：龙眼多成串采摘，果皮上会沾有许多灰尘和细菌。此外，有些种植者为延长其保质期，可能会用一些化学物品来处理水果，因而龙眼表皮也可能带有硫化物。尤其不能未经清洗，便直接用嘴去啃咬龙眼皮。因此，可先将少许食盐倒入盛有清水的盆中，然后将龙眼放入其中，轻轻淘洗片刻，捞出来用清水冲洗干净，沥干水分即可。

淀粉清洗法：进食前可以将龙眼放入稀释过的淀粉水中浸泡，慢慢搓洗，然后在流动水下彻底清洗干净即可。

正确保存

通风保存法：如果没有冷藏条件，可放置于阴凉通风处，在两三天内吃完。如果发现龙眼颜色变深，且果肉呈深褐色，就说明保存时间过长，已不能食用。

冰箱冷藏法：龙眼买回后如不能马上吃完，可洗净晾干装入保鲜袋，放进冰箱冷藏。要与生肉等分开放置，以防串味。

美味菜谱

龙眼山药汤

• 烹饪时间：55分钟　• 功效：增强免疫力

原料　龙眼干制品 35 克，红枣 20 克，山药 100 克，冰糖 20 克

做法　1.戴上一次性手套，把去皮洗净的山药切厚片、切粗条，改切小块。2.砂锅中注水烧开，倒入龙眼、红枣，拌匀，煮开后转小火煮30分钟至熟。3.倒入切好的山药，拌匀，续煮20分钟至食材有效成分析出。4.加入冰糖，搅拌至溶化，关火后盛出煮好的汤，装碗即可。

苹果

热　量： 52千卡/100克

盛产期： ①②③④⑤⑥⑦⑧⑨⑩⑪⑫（月份）

苹果简介： 苹果酸甜可口，营养丰富，是老幼皆宜的水果之一。苹果味甜或略酸，品种繁多，是常见水果，具有丰富的营养成分。

别名： 滔婆、柰、柰子、频婆

性味归经： 性平，味甘、酸，归脾、肺经。

营养成分： 含糖类、蛋白质、膳食纤维，以及维生素A、B族维生素、维生素C、有机酸、果胶等。

一般新鲜的苹果，其果梗颜色比较鲜绿。表皮带有竖条纹或有麻点的苹果香甜爽口，水分更加充足。轻轻按压苹果表面，如果感觉可以很容易按压下去的，苹果会比较甜，反之则比较酸、不是很成熟。

1. 苹果中含有较多的钾，能与人体内过剩的钠盐结合，使之排出体外。

2. 苹果中所含的纤维素，能使大肠内的粪便变软，利于排便。苹果还含有丰富的有机酸，可刺激胃肠蠕动，促使排便通畅。

3. 苹果中含有果胶，能抑制肠道不正常的蠕动，使消化活动减慢，从而抑制轻度腹泻。

安全处理

食盐清洗法：将苹果放在流水下冲洗一下，放在容器里，加入适量盐，用手揉搓苹果，把盐搓均匀，将苹果冲洗干净，沥干水分即可。

牙膏清洗法：将牙膏挤在苹果表面，用手揉搓苹果，把牙膏搓匀，将苹果放在流水下冲洗，沥干水分即可。

正确保存

通风保存法：将苹果用筐子装起来，放在阴凉通风处，可以保持 7 ~ 10 天。

冰箱冷藏法：把苹果装在保鲜袋里放入冰箱冷藏室，能够保存较长的时间。

容器保存法：准备一个轻便、洁净、无味、无病虫的木箱或纸箱，把经过挑选的苹果，用纸包裹整齐码放在箱内。为防止果箱磨破苹果，应在箱底及四周垫些纸或泡沫。包苹果的纸要用柔且薄的白纸，纸的大小以能包住苹果为宜。码放的苹果要梗、萼相对，以免相互刺伤。苹果与苹果之间可放一些碎布，避免苹果在箱内滚动。最后将包装好的箱子放置于温度较低的地方，0 ~ 1℃最佳。

美味菜谱

拔丝苹果

• 烹饪时间：9分钟　• 功效：益智健脑

原料　去皮苹果 2 个，高筋面粉 90 克，泡打粉 60 克，熟白芝麻 20 克

调料　白糖40克，食用油适量

做法　1.苹果切块；取一碗，倒入部分高筋面粉、泡打粉、清水，拌匀成面糊。2.取一盘，放入苹果块，撒上剩余的高筋面粉拌匀。将苹果块放入面糊中拌匀。3.用油起锅，放入苹果块，油炸后捞出。锅底留油，加入白糖，倒入苹果块炒匀，盛出，撒上熟白芝麻即可。

梨

热　量：44千卡/100克

盛产期：①②③④⑤⑥⑦⑧⑨⑩⑪⑫（月份）

梨简介：梨向来有“百果之宗”的美誉。在世界果品市场上，苹果、梨和橙子被称为“三大果霸”。梨既可生食，也可蒸煮后食用。

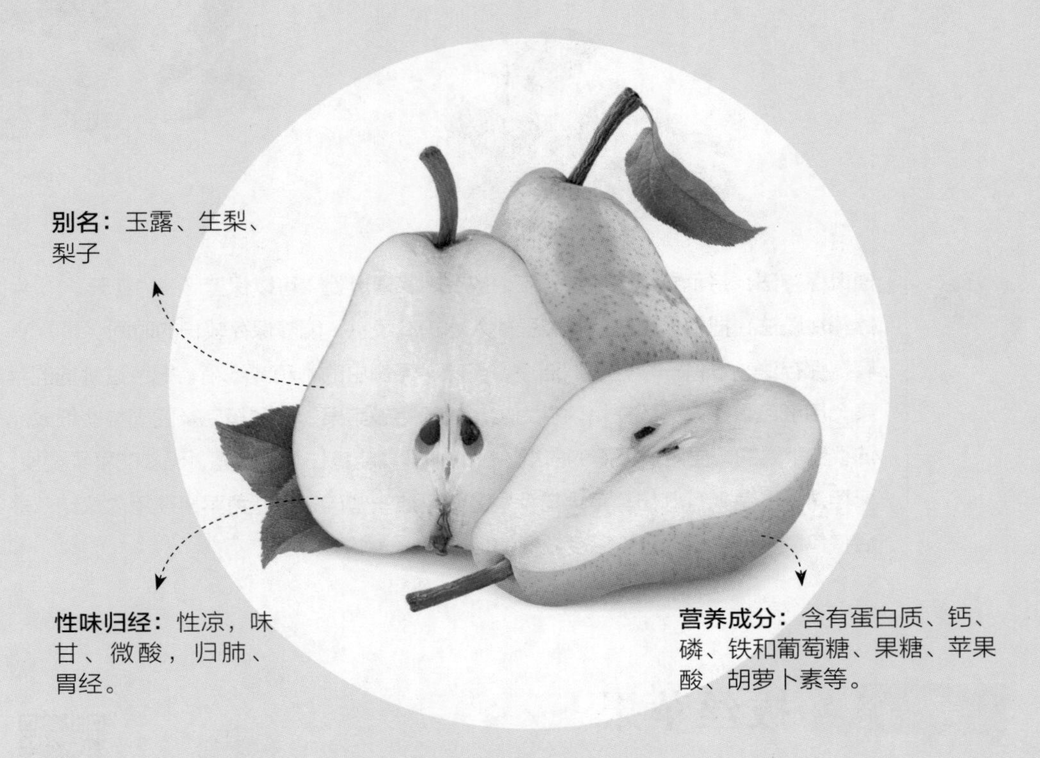

别名：玉露、生梨、梨子

性味归经：性凉，味甘、微酸，归肺、胃经。

营养成分：含有蛋白质、钙、磷、铁和葡萄糖、果糖、苹果酸、胡萝卜素等。

食材选购

优质的梨应该是大小适中，果形端正，光泽鲜艳，因品种不同而呈青、黄、月白等颜色，无霉烂、冻伤、虫害和机械伤，并带有果柄，果皮薄细，这种梨质量比较好。梨有两种，一种是雄梨，梨脐处的凹坑很浅，肉质粗硬，水分较少，甜性也较差；另一种是雌梨，梨脐处的凹坑很深，肉嫩、甜脆、水分多。

营养功效

1.梨中含有丰富的B族维生素，能保护心脏，缓解疲劳，增强心肌活力，降低血压。

2. 梨所含的鞣酸等成分，能祛痰止咳，对咽喉有养护作用。

3. 梨的果肉中含有较多糖类物质和多种维生素，易被人体吸收，能增进食欲，对肝脏具有保护作用。

安全处理

食盐清洗法： 可将梨先放在盐水中浸泡，再用清水冲洗干净即可。

牙膏清洗法： 将牙膏涂抹在梨表面，然后向盆中倒入适量的热水，放入梨搓洗干净，再用清水冲洗一遍即可。

正确保存

通风保存法： 梨可以散放在筐子里，摆放在阴凉通风的角落保存。

冰箱冷藏法： 可装在纸袋中，放入冰箱保存 2 ~ 3 天。放入冰箱之前不要清洗，否则容易腐烂。另外，不要和苹果、香蕉、木瓜、桃子等水果混放，否则容易产生乙烯，加快氧化变质。

容器保存法： 取无破损的梨，放进装 1%淡盐水溶液的陶瓷缸、坛内，不要装得太满，以便留出梨果自我呼吸的空间，然后用塑料薄膜密封，置于阴凉处，可存 1 个月，且口感更佳。

美味菜谱

芝麻菜鲜梨沙拉

• 烹饪时间：2分钟　• 功效：生津润燥

原料　梨 120 克，芝麻菜 30 克

调料　醋、橄榄油、沙拉酱各适量

做法　1.梨放在水盆中洗净，切小块。2.芝麻菜洗净，切段。3.梨、芝麻菜装入碗中，加醋、橄榄油拌匀。4.食用时，依据个人口味适量添加沙拉酱即可。

枇杷

热　量：39千卡/100克

盛产期：①②③④⑤⑥⑦⑧⑨⑩⑪⑫（月份）

枇杷简介：枇杷，因形似琵琶而得名，与杨梅、樱桃并称“初夏果品三姐妹”，又因其具有秋萌、冬花、春实、夏熟，备四时之气而被誉为“百果中的奇珍”。

别名：芦橘、芦枝、金丸

性味归经：性平，味甘，归脾、胃、肺经。

营养成分：含纤维素、B族维生素、维生素C、维生素E、果胶、胡萝卜素等。

枇杷表面一般都会有一层茸毛和浅浅的果粉，茸毛完整、果粉保存完好的，就说明它在运输过程中没受什么损伤，比较新鲜。颜色越深，说明其成熟度越好，口感也更甜，风味浓郁。

1. 枇杷中所含的有机酸能刺激消化腺分泌，对增进食欲、帮助消化吸收、止渴解暑有相当大的作用。
2. 枇杷中含有苦杏仁苷，能够润肺止咳、祛痰，辅助治疗各种咳嗽。
3. 枇杷有抑制流感病毒的作用，常吃可以预防四时感冒。
4. 枇杷含丰富的B族维生素、胡萝卜素，具有保护视力的功效。

安全处理

食盐清洗法： 在清水中加少许盐，然后将枇杷放入盐水中，轻轻地搓洗，最后用清水将枇杷的表皮冲洗干净即可。

淘米水清洗法： 将完整的枇杷放入淘米水中浸泡 15 分钟，然后用清水不断地冲洗，沥干水分即可。

如何吃： 将洗净的枇杷切去带把的那头，成熟的枇杷去皮很容易，直接撕下就行了，将去皮后的枇杷用两根指夹着向上拔，则整个尾部就摘下来了。因为尾部也有茸毛和一些脏物，所以必须去除。

正确保存

枇杷不宜放冰箱，枇杷如果放在冰箱内，会因水汽过多而变黑，存在干燥通风的地方即可。如果把它浸于冷水、糖水或盐水中，可防变色。

美味菜谱

川贝枇杷汤

• 烹饪时间：23分钟　• 功效：养心润肺

原料　枇杷 40 克，雪梨 20 克，川贝 10 克

调料　白糖适量

做法　1.去皮的雪梨切成小块；枇杷去蒂，切开，去核，再切成小块。2.锅中注入清水烧开，将枇杷、雪梨和川贝倒入锅中，搅拌片刻，用小火煮20分钟至食材熟透，倒入白糖，搅拌均匀。3.将煮好的糖水盛出，装入碗中即可。

山楂

热　量： 98千卡/100克

盛产期： ①②③④⑤⑥⑦⑧⑨⑩⑪⑫（月份）

山楂简介： 山楂有很高的营养和医疗价值，是我国特有的药、果兼用树种。因老年人常吃山楂制品能延年益寿，故称之为“长寿食品”。

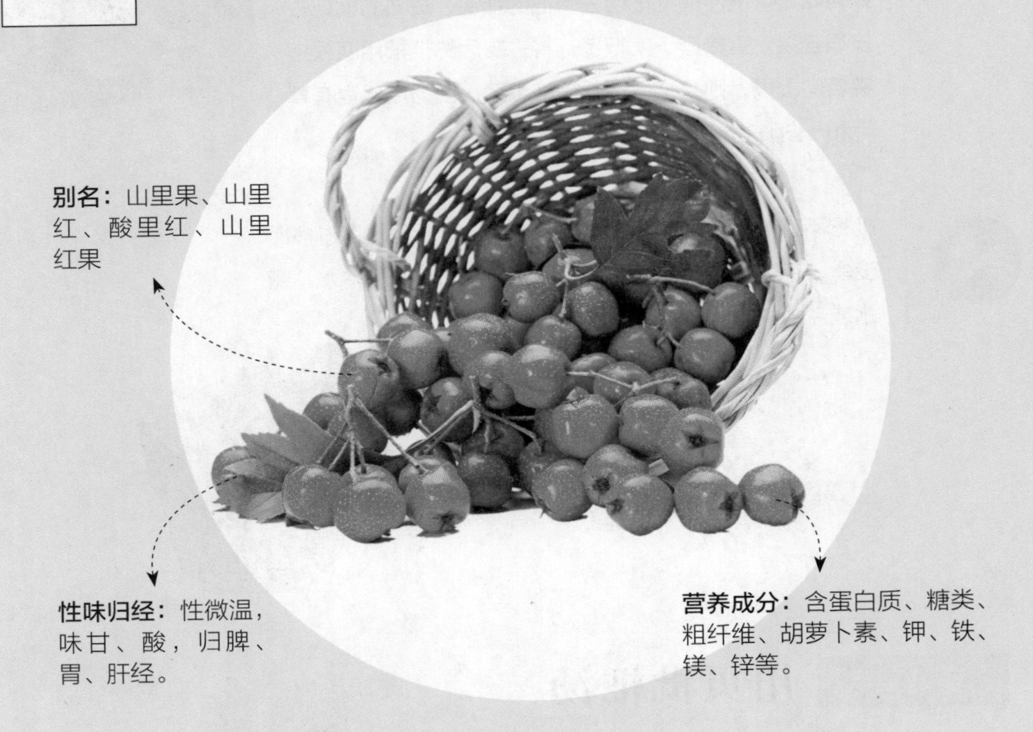

别名： 山里果、山里红、酸里红、山里红果

性味归经： 性微温，味甘、酸，归脾、胃、肝经。

营养成分： 含蛋白质、糖类、粗纤维、胡萝卜素、钾、铁、镁、锌等。

山楂表皮上多有点，果点小而光滑的山楂较甜。山楂果皮颜色较亮红的是比较新鲜的，建议购买。近似正圆的山楂吃起来比较甜。

1. 山楂所含的黄酮类物质和维生素 C、胡萝卜素等物质能阻断、减少自由基的生成，增强机体的免疫力，有抗衰老、抗癌的作用。
2. 山楂中的脂肪酶，可促进脂肪分解。
3. 山楂酸等可提高蛋白分解酶的活性，有帮助消化的作用。

安全处理

食盐清洗法：用盐水浸泡 10 分钟左右，再进行搓洗，最后过一遍清水即可。

淀粉清洗法：山楂放在冷水盆里，加入 1 茶匙淀粉，浸泡 10 分钟，再不断地进行搓洗，最后用清水漂净即可。

毛刷清洗法：用一把干净牙刷把每个山楂表面的浮尘刷干净，再用清水清洗，沥干水分。

正确保存

通风保存法：可以存放于通风阴凉处，防止阳光暴晒，短期保存。

冰箱冷藏法：放在冰箱里冷藏起来可以保存较长一段时间。山楂洗干净，用保鲜袋密封起来，把里面的空气全都挤出去，然后放到冰箱的冷藏室里。

美味菜谱

木耳山楂排骨粥

• 烹饪时间：32分钟　　• 功效：降低血脂

原料　水发木耳 40 克，排骨 300 克，山楂 90 克，水发大米 150 克，水发黄花菜 80 克，葱花少许

调料　料酒8毫升，盐、鸡粉各2克，胡椒粉少许

做法　1.木耳洗净切小块；山楂洗净切小块。2.砂锅中注入清水烧开，倒入大米，加入洗净的排骨，淋入料酒，煮至沸腾，倒入木耳、山楂、黄花菜，拌匀。3.用小火煮30分钟，放入盐、鸡粉、胡椒粉拌匀，装入碗中，撒上葱花即可。

西瓜

热　量：105千卡/100克

盛产期：①②③④⑤⑥⑦⑧⑨⑩⑪⑫（月份）

西瓜简介：西瓜果实外皮光滑，呈绿色或黄色，果瓤多汁。它被称为“盛夏之王”，清爽解渴，味道甘甜，是盛夏解暑佳果。

别名：夏瓜、寒瓜、水瓜

性味归经：性寒，味甘，归心、胃、肾经。

营养成分：含瓜氨酸、谷氨酸、磷酸、丙酸、甜菜碱、蔗糖、胡萝卜素、番茄烃、维生素A、B族维生素、维生素C等。

食材选购

花皮瓜类，要纹路清楚，深淡分明；黑皮瓜类，要皮色乌黑，带有光泽。此外，无论何种瓜，藤柄向下贴近瓜皮，近蒂部粗壮青绿，是成熟的标志。瓜脐较小的瓜，皮薄，味道口感相对较佳。

营养功效

1.西瓜可清热解暑、除烦止渴。其中含有大量的水分，在发热、口渴汗多、烦躁时，吃上一块又甜又沙、水分十足的西瓜，症状会马上得到缓解。

2.西瓜所含的糖和盐，能利尿并消除肾脏炎症；蛋白酶能把不溶性蛋白质转化为可溶性蛋白质，从而增加肾炎病人的营养。

安全处理

清洗：西瓜是要去皮食用的，用清水洗净瓜皮即可。将西瓜放入水池，一边放水冲洗，一边用刷子轻刷瓜皮，仔细清洗果蒂和果脐，最后用清水将西瓜冲洗干净，沥干水分即可。

正确保存

通风保存法：将整个西瓜放置于通风阴凉处保存，常温下贮藏期可达 10 ~ 15 天。

冰箱冷藏法：切开的西瓜可以放进冰箱里保存，用保鲜膜包好切面，放入冰箱冷藏室里，可以保存两三天。

美味菜谱

西瓜翠衣炒鸡蛋

• 烹饪时间：3分钟　• 功效：降低血压

原料　西瓜皮 200 克，芹菜 70 克，西红柿 120 克，鸡蛋 2 个，蒜末、葱段各少许

调料　盐3克，鸡粉3克，食用油适量

做法　1.芹菜洗净切成段；西瓜皮洗净切成条；西红柿洗净切成瓣；鸡蛋打入碗中，放入盐、鸡粉，打散、调匀；用油起锅，倒入蛋液，炒至熟，盛出。2.锅中注油烧热，倒入蒜末、芹菜、西红柿、西瓜皮，倒入鸡蛋，略炒片刻。3.放盐、鸡粉炒匀，盛出，撒上葱段即可。

哈密瓜

热　量： 34千卡/100克

盛产期： ①②③④⑤⑥⑦⑧⑨⑩⑪⑫（月份）

哈密瓜简介： 哈密瓜是甜瓜的一个变种。哈密瓜有“瓜中之王”的美称；风味独特，味甘如蜜，奇香袭人，饮誉国内外。

别名： 雪瓜、贡瓜

性味归经： 性寒，味甘，归心、胃经。

营养成分： 含蛋白质、糖类、膳食纤维、胡萝卜素、果胶、维生素A、B族维生素、维生素C、磷、钠、钾等。

常见的哈密瓜有形状长长的，还有很圆的，圆的哈密瓜比较甘甜。哈密瓜的瓜皮如果有疤痕，一般是疤痕越老越甜，最好是疤痕已经裂开，虽然看上去比较难看，但事实上这种哈密瓜的甜度高，口感也好。

1. 哈密瓜中含有铁元素，食用哈密瓜对人体造血功能有显著的促进作用，可以用来作为贫血的食疗之品。

2. 哈密瓜鲜瓜肉中，维生素的含量比西瓜多 4 ~ 7 倍，比苹果高 6 倍，这些成分有利于人的心脏和肝脏功能以及肠道系统的活动，促进内分泌和造血功能，加强消化过程。

安全处理

清洗：哈密瓜虽然去皮吃，但为了果肉的洁净，适宜做简单的清洗再吃。用流水将哈密瓜冲洗一遍，边冲边搓洗，最后沥干水分即可。

通风保存法：可以将哈密瓜直接放置于阴凉通风的室内保存。

冰箱冷藏法：包上保鲜膜，然后放在冰箱冷藏。不要跟梨放在一起，也不要跟有催熟剂的食品放在一起。

美味菜谱

哈密瓜桑葚沙拉

• 烹饪时间：3分钟　　• 功效：开胃消食

原料　哈密瓜 200 克，桑葚 50 克，蓝莓 20 克，樱桃 10 克，薄荷叶 5 克

调料　蜂蜜、香草粉各适量

做法　1.哈密瓜洗净，对剖开，取一半掏空果肉，挖成小球。2.桑葚、蓝莓和樱桃洗净，装入掏空的哈密瓜里，再放入挖成小球的哈密瓜。3.取一小碟，加入蜂蜜、香草粉，拌匀，调成酱汁。4.将酱汁淋在水果上，饰以薄荷叶即可。

木瓜

热　量： 43千卡/100克

盛产期： ①②③④⑤⑥⑦⑧⑨⑩⑪⑫（月份）

木瓜简介： 因果实长于树上， 外形像瓜， 故名木瓜。木瓜营养丰富， 有“ 百益之果”之雅称。

木瓜有着雌雄之分。瓜身较大较圆，外形像沙田柚，瓜内籽较多，瓜肉厚，汁水多而清甜，是雌木瓜。表皮上有黏黏的胶质——糖胶，这样的木瓜通常会比较甜。稍用力就能按动瓜肉，但是不塌陷，就是好的木瓜。

1. 木瓜性温味酸，能平肝和胃、舒筋络、降血压。

2. 木瓜里的酵素会帮助分解肉食，减轻胃肠的工作负担，帮助消化，防治便秘，可预防消化系统癌变。

3. 经常食用木瓜，能消除体内的过氧化物等毒素，净化血液，对肝功能障碍及高脂血症、高血压病具有一定的防治效果。

安全处理

清洗：木瓜虽然是去皮吃，但为了果肉的洁净，适宜做简单的清洗，将木瓜一边用清水冲洗，一边用刷子刷洗外皮，沥干水分即可。

正确保存

通风保存法：如果只是临时短期贮藏，可以采用常温贮藏。只要求通风良好、清洁卫生即可。但应注意的是，木瓜在夏天由于温度高，不易存放，冬天存放时间相对长一些。

冰箱冷藏法：如果需较长时间贮藏，则应低温贮藏。将经热水浸泡处理后的木瓜尽快放到冰箱中贮存。在此温度下，木瓜一般可以贮存两三周的时间。

美味菜谱

木瓜银耳汤

• 烹饪时间：43分钟　• 功效：美容养颜

原料　木瓜 200 克，水发莲子 65 克，水发银耳 95 克，枸杞 30 克，冰糖 40 克

做法　1.洗净的木瓜切块。2.砂锅注水烧开，倒入木瓜。3.加入洗净泡好的银耳、莲子，搅匀，用大火煮开后转小火续煮30分钟至食材变软。4.倒入枸杞，放入冰糖，搅拌均匀，续煮10分钟至食材熟软入味，盛出即可。

银耳需事先把黄色根部去除，以免影响口感。

菠萝

热　量：41千卡/100克

盛产期：1 2 3 4 5 6 7 8 9 10 11 12（月份）

菠萝简介：菠萝是岭南四大名果之一。它可鲜食，香味浓郁，甜酸适口；加工制品菠萝罐头被誉为“国际性果品罐头”。

营养成分：含蛋白质、脂肪、糖类、维生素A、维生素C、蛋白质分解酵素及钙、镁、磷、铁、烟酸等。

别名：凤梨、黄梨、番梨、露兜子

性味归经：性平，味甘，归胃、肾经。

新鲜、品质好的菠萝为金黄色。要想挑好吃、味甜的菠萝首先要找那些矮并且体粗的菠萝，因为这些“矮胖子”果肉结实并且肉多，比瘦长的好吃。轻轻按压菠萝鳞甲，微软有弹性的就是成熟度较好的。

1. 菠萝中含有一种叫“菠萝朊酶”的物质，它能分解蛋白质，溶解阻塞于组织中的纤维蛋白和血凝块，改善局部的血液循环，消除炎症和水肿。

2. 菠萝中所含的糖、盐和酶有利尿作用，适当食用菠萝，对肾炎、高血压病患者有益。

3. 菠萝性平味甘，具有健胃消食、补脾止泻的功效。

安全处理

清洗：菠萝虽然是去皮吃，但为了保证果肉的洁净，建议清洗后再食用。吃菠萝时，应先把菠萝去皮后切成片，然后再放在淡盐水里浸泡 30 分钟，然后再用凉开水浸洗，等去掉咸味后再食用。这样可以除去菠萝酶对我们口腔黏膜和嘴唇表皮的刺激。

正确保存

通风保存法：完整的菠萝在 6 ~ 10℃下保存，不仅果皮会变色，果肉也会成水浸状，因此不要放进冰箱储藏，要在避光、阴凉、通风的地方保存。

冰箱冷藏法：如果一定要放入冰箱，应置于温度较高的水果槽中，保存的时间最好不要超过两天。从冰箱取出后，在正常的温度下会加速变质，所以要尽早食用。切开的菠萝可以用保鲜膜包好，放在冰箱里，但最好不要超过两天。

盐水保存法：放在一个比菠萝大的器皿里，加水，水里加 2 小勺盐，水应没过菠萝，可以保存 24 小时。

美味菜谱

芦荟菠萝汁

• 烹饪时间：1分钟　　• 功效：清热解毒

原料　菠萝肉 120 克，芦荟 80 克，蜂蜜 20 克

做法　1.备好的菠萝肉切成块。2.洗净的芦荟去皮，将肉取出，待用。3.备好榨汁机，倒入菠萝块、芦荟。4.倒入适量的凉开水，调转旋钮至1档，榨取芦荟菠萝汁，倒入杯中，淋上蜂蜜即可。

切菠萝肉前可将菠萝肉放入盐水中浸泡片刻，口感会更好。

芒果

热　量： 32千卡/100克

盛产期： ①②③④⑤⑥⑦⑧⑨⑩⑪⑫（月份）

芒果简介： 芒果为著名热带水果之一，因其果肉细腻，风味独特，深受人们喜爱，所以素有“热带果王”之誉。

别名： 檬果、杧果、漭果、闷果、蜜望

性味归经： 性凉，味甘、酸，归肺、脾、胃经。

营养成分： 含蛋白质、糖类，以及维生素B_1、维生素B_2、维生素C、蔗糖、葡萄糖、胡萝卜素、叶酸、柠檬酸、芒果苷、钙、磷、铁等。

芒果的果柄一侧相对较高、较丰满，看起来有点上扬的芒果，相对熟一点。表皮有金黄色光泽，略带红色的芒果成熟度适中，口感香甜。轻轻地用手指捏近蒂头处，富有弹性的芒果为佳，自然成熟的芒果有弹性，催熟的芒果整体较软。

1. 芒果果实含芒果酮酸、异芒果醇酸等三醋酸和多酚类化合物，具有抗癌的药理作用。

2. 芒果汁能增加胃肠蠕动，使粪便在结肠内的停留时间缩短，因此吃芒果对防治结肠癌很有裨益。

3. 芒果中所含的芒果苷有祛疾止咳的功效，对咳嗽、痰多等症有辅助治疗作用。

食盐清洗法：将芒果放在盆里，加入适量的食盐，加入清水，搅拌均匀，浸泡 5 分钟左右，用清水将芒果冲洗干净，沥干水分即可。

淘米水清洗法：将芒果放进淘米水中，浸泡 5 分钟左右，用手搅动清洗芒果，用清水将芒果冲洗干净，沥干水分即可。

最好放在避光、阴凉的地方贮藏；如果一定要放入冰箱，应放入保鲜袋内，置于温度较高的蔬果槽中，保存的时间最好不要超过两天。热带水果从冰箱取出后，在正常温度下会加速变质，所以要尽早食用。

美味菜谱

芒果布丁

• 烹饪时间：25分钟　　• 功效：增强免疫力

原料　牛奶 300 毫升，芒果布丁预拌粉 100 克，芒果 200 克

做法　1.将芒果切成丁，留下少许做装饰，剩余均剁成泥。2.将水和牛奶倒入盆中，煮至沸腾，再倒入预拌粉，加入芒果泥，搅拌均匀。3.用吸油纸吸附布丁液上的泡沫。4.将布丁液倒入量杯中，再装入布丁容器，放入冰箱冷冻15分钟。5.冷冻过后把布丁从冰箱取出，点缀上鲜芒果即可食用。

榴莲

热　量： 147千卡/100克

盛产期： ①②③④⑤⑥⑦⑧⑨⑩⑪⑫（月份）

榴莲简介： 榴莲是驰名中外的优质佳果。吃起来具有陈乳酪和洋葱味，初尝似有异味，续食清凉甜蜜，回味甚佳。

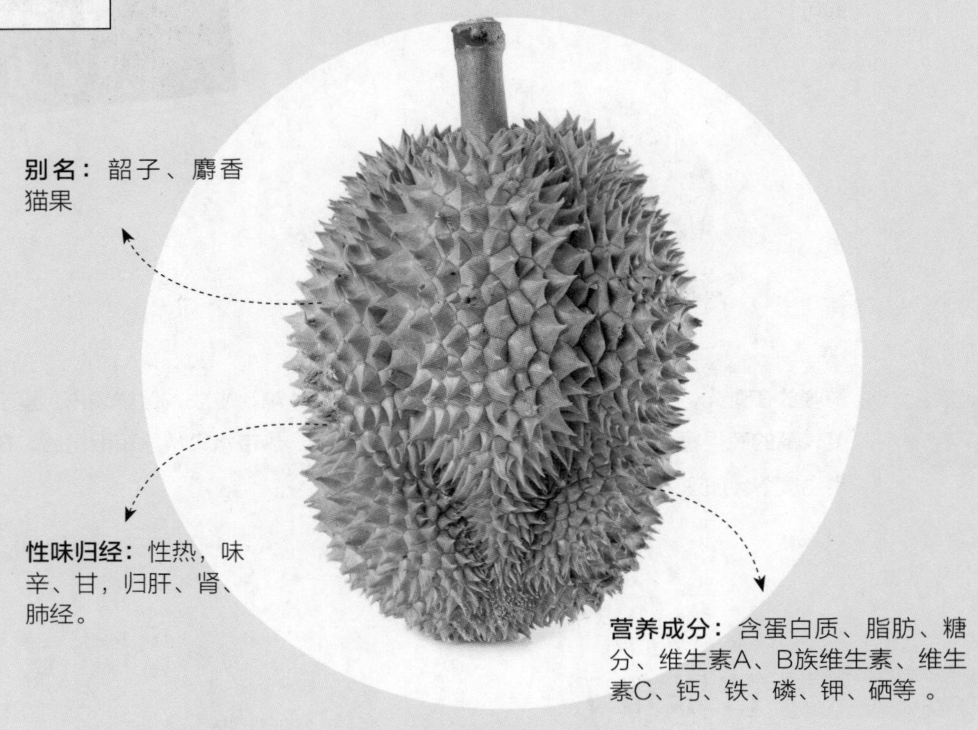

别名： 韶子、麝香猫果

性味归经： 性热，味辛、甘，归肝、肾、肺经。

营养成分： 含蛋白质、脂肪、糖分、维生素A、B族维生素、维生素C、钙、铁、磷、钾、硒等 。

食材选购

榴莲个头大的水分足，够甜。挑外表有一个个丘陵状凸起来的，凸起越多，肉就越多。选择自然开裂的榴莲，因为开裂说明榴莲足够成熟了。选择颜色偏黄的，不要挑绿色的，黄色的通常比较熟；暗黄的甚至偏褐的虽然不好看，但是却很甜。

营养功效

1. 榴莲含有很高的糖分，可以补充人体需要的能量和营养，达到强身健体、滋阴补阳的功效。
2. 榴莲肉中谷氨酸含量特别高，能提高机体的免疫功能，调节体内酸碱平衡，提高机体的应激能力。
3. 榴莲果含有较丰富的有益元素——锌，对人体有强壮补益作用。

安全处理

清洗：榴莲可不用清洗，直接撬开食用，但为保证洁净卫生，可以用清水简单冲洗。取一整个榴莲，从果柄处开始冲洗榴莲，沥干水分即可。

正确保存

冰箱冷藏法：保存榴莲时，要去除外壳，将果肉放到保鲜盒内，放置于冰箱冷藏。最理想的冷藏温度为 12℃左右，同时，最好能在 3 ~ 5 天内将其吃完。

冰箱冷冻法：可以把去壳的榴莲放在冰箱的冷冻室，要吃的时候拿出来解冻就行了，不解冻也可以当冰激凌吃。

美味菜谱

榴莲奥利奥冰激凌

• 烹饪时间：8小时　• 功效：美容养颜

原料　牛奶 200 毫升，淡奶油 150 克，蛋黄 2 个，玉米淀粉 15 克，奥利奥饼干碎、榴莲泥各适量

调料　白糖70克

做法　1.蛋黄中加35克白糖，用电动搅拌器拌匀，再放入玉米淀粉，充分搅匀。2.牛奶和淡奶油混合后，入锅加热，加入剩余的糖，搅至糖溶，关火，倒入蛋黄混合液中，拌匀后用小火加热至浓稠，制成冰激凌液。3.凉透的冰激凌液中放入奥利奥饼干碎、榴莲泥，拌匀后放入冰箱冷冻即可。

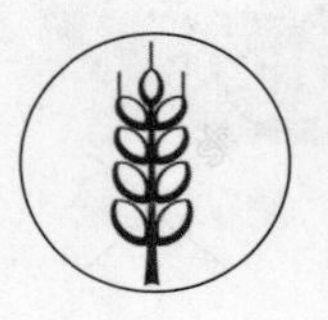

养生风尚的兴起，让人们对五谷杂粮极为注重，
十米粥、杂粮饭，越来越多的杂粮美味纷纷登上了餐桌。
五谷杂粮，也是我们从出生就赖以维持生存的食物。
本章中选取常见的五谷杂粮，
教您怎么选购、储存、清洗以及烹调，
即便是厨房新手，也可以轻松掌握。

五谷杂粮类

大米

热　量：343千卡/100克

盛产期：①②③④⑤⑥⑦⑧⑨⑩⑪⑫（月份）

大米简介：大米是一种常见的主食，含有大量糖类，质量分数约占79%，是热量的主要来源，适宜每日食用，是滋补之物。

别名：粳米、硬米、粮米

性味归经：性平，味甘，归脾、胃经。

营养成分：含蛋白质、维生素B_1、维生素B_2、钙、磷、铁、葡萄糖、果糖、麦芽糖等。

一是看新粳米色泽是否呈透明玉色状，未熟米粒可见青色（俗称青腰）；二是看新米“米眼睛”（胚芽部）的颜色是否呈乳白色或淡黄色，陈米则颜色较深或呈咖啡色。新米有股浓浓的清香味，陈谷新轧的米少清香味，而存放一年以上的陈米，只有米糠味，没有清香味。

1. 大米所含的优质蛋白质可使血管保持柔软，达到降血压的效果。
2. 大米所含的水溶性食物纤维，可将肠内的胆酸汁排出体外，预防动脉硬化等心血管疾病。
3. 大米还有健脾和胃、补中益气、除烦渴、止泻痢的功效。

清洗：不要搓洗大米，否则会破坏大米表皮的维生素 B_1。用清水将大米冲洗 2 ~ 3 遍即可。

干燥、密封储存法：可将大米放在干燥、密封效果好的容器内，置于阴凉处保存。

海带防霉杀虫法：干海带吸湿能力较强，同时还具有抑制霉菌和杀虫的作用。将海带和大米按重量1：100的比例混装，一周后取出海带晒干，然后再放回米袋中，这样可使大米干燥且具有防霉防虫的效果。

草木灰吸湿法：在米缸底层撒上几厘米厚的草木灰，铺上白纸或纱布，再倒入晾干的大米，密封后，置于干燥、阴凉处，这样处理的大米可长期储存。

花椒防虫法：花椒是天然抗氧化剂，又有特殊气味。用锅煮花椒水，凉后将布袋浸泡于其中，捞出晾干后，把晾干的大米倒入处理过的布袋中，再用纱布包些花椒，分放在大米中，扎袋后置于阴凉通风处。

美味菜谱 香菇大米粥

• 烹饪时间：50分钟　• 功效：增强免疫力

原料　水发大米120克，鲜香菇30克

调料　盐、食用油各适量

做法　1.洗好的鲜香菇切成粒，备用。2.砂锅中注入适量的清水烧开，倒入洗净的大米，搅拌均匀，烧开后用小火煮约30分钟至大米熟软。3.倒入香菇粒，搅拌匀，煮至断生。4.加入少许盐、食用油，搅拌片刻至食材入味。5.关火后盛出煮好的粥，装入碗中，稍微放凉即可食用。

小米

热　量： 361千卡/100克

盛产期： ①②③④⑤⑥⑦⑧⑨⑩⑪⑫（月份）

小米简介： 小米为禾本科植物粟的种仁，亦称粟米，通称谷子。是中国古代的“五谷”之一，也是中国北方人最喜爱的粮食之一。

别名： 粟米、稞子、秫子、黏米

性味归经： 性凉，味甘、咸，归胃、脾、肾经。

营养成分： 含淀粉、钙、磷、铁、维生素B_1、维生素B_2、维生素E、胡萝卜素等。

优质小米米粒大小、颜色均匀，呈乳白色、黄色或金黄色，有光泽，很少有碎米，无虫，无杂质。此外，优质小米闻起来具有清香味，无其他异味。严重变质的小米，手捻易成粉状，碎米多，闻起来有霉变味、酸臭味、腐败味或其他不正常的气味。

1. 小米因富含维生素 B_1、维生素 B_{12} 等，具有防止消化不良及口角生疮的功效。
2. 小米具有防止反胃、呕吐的功效。
3. 小米还具有滋阴养血的功能，可以使产妇虚寒的体质得到调养，帮助她们恢复体力。
4. 小米具有减轻皱纹、色斑、色素沉着的功效。

安全处理

清洗：清洗小米时注意，切忌清洗次数过多，以免造成营养成分的流失。一般来说，加入适量清水，淘洗 1 ~ 2 次，无悬浮杂质即可。

正确保存

花椒防虫法：花椒是天然抗氧化剂，可将晾干的小米倒入经花椒水浸泡过的布袋中，再用纱布包些花椒，分放在小米的各部分，扎紧袋子后置于阴凉通风处。

冰箱冷藏法：小米可以用小袋子分装，放入冰箱的冷藏室内冷藏保存。

瓶装储存法：将小米装进塑料瓶里，装满，将瓶盖拧好拧紧，放在阳光下即可。

蒜瓣防虫法：将小米放在阴凉通风处，小米堆里放些蒜瓣即可防虫。

塑料袋贮藏法：将晾干的小米装入双层袋内，装好之后挤掉袋中的残余空气，用绳扎紧袋口，使袋内小米和外界环境隔绝，可长期保鲜。

美味菜谱

枣泥小米粥

• 烹饪时间：40分钟　• 功效：养胃补血

原料　小米85克，红枣20克

做法　1.蒸锅上火烧沸，放入装有红枣的盘子，中火蒸约10分钟至大枣变软。2.取出蒸好的红枣，晾凉。3.将放凉的红枣切开，取出果核，再切碎，剁成细末。4.再将红枣末倒入杵臼中，捣成红枣泥，待用。5.汤锅中注入适量清水烧开，倒入小米，小火煮约20分钟至米粒熟透，再加入红枣泥拌匀，续煮片刻至沸腾。6.关火后盛出煮好的小米粥，放在小碗中即成。

玉米

热　量：106千卡/100克

盛产期：①②③④⑤⑥⑦⑧⑨⑩⑪⑫（月份）

玉米简介：玉米为禾本科植物玉蜀黍的种子，又称为苞谷、苞米棒子、珍珠米，是全世界公认的“黄金作物”，有的地区以它为主食。

别名：苞米、苞谷、大棒子、玉蜀

性味归经：性平，味甘、淡，归脾、胃经。

营养成分：含蛋白质、糖类、钙、磷、铁、硒、镁、胡萝卜素、维生素E等。

看外观，玉米棒子必须翠绿无黄叶，无干叶子，最好不要有玉米螟虫。看玉米须子，玉米须子应干燥、裸露在外。看玉米粒，没有塌陷，饱满有光，用指甲轻轻掐，能够掐出水的为佳。如果是老的，会干瘪塌陷，中间空。

1. 玉米中含有一种特殊的抗癌物质——谷胱甘肽，它进入人体后可与多种致癌物质结合，使其失去致癌性；其所含的镁，也具有抑制肿瘤组织发展的作用。
2. 玉米富含维生素，常食可促进肠胃蠕动，加速有毒物质的排泄。而以玉米榨成的玉米油富含不饱和脂肪酸，对降低血浆胆固醇和预防冠心病有一定作用。
3. 玉米还能降低血脂，对于高血脂、动脉硬化、心脏病患者有益。

清洗：把玉米叶须去除干净，用清水冲洗干净即可。

正确保存

冰箱冷藏法：保存生玉米时需将外皮及须去除，清洗干净后擦干，用保鲜膜包起来，再放入冰箱中冷藏即可，可保存 2 天。

冰箱冷冻法：若是保存熟玉米，只需将煮熟的玉米装入保鲜袋中，封紧袋口，放入冰箱冷冻室，可保存一周左右。

美味菜谱

鱼肉玉米糊

• 烹饪时间：40分钟　• 功效：增强免疫力

原料　草鱼肉70克，玉米粒60克，水发大米80克，圣女果75克

调料　盐少许，食用油适量

做法　1.锅中注水烧开，放入圣女果，烫煮半分钟，捞出去皮，切成粒；草鱼肉切成小块；玉米粒切碎。2.用油起锅，倒入鱼肉，煸炒出香味，倒入清水，煮5分钟至熟，用锅勺将鱼肉压碎，把鱼汤滤入汤锅中。3.放入大米、玉米碎拌匀，用小火煮30分钟至食材熟烂，放入圣女果、盐煮沸即可。

黑米

热　量： 333千卡／100克

盛产期： 1 2 3 4 5 6 7 8 9 10 11 12（月份）

黑米简介： 黑米为禾本科植物黑糯稻的种仁，是稻米中的珍贵品种。黑米外表墨黑，营养丰富，享有“黑珍珠”和“世界米中之王”的美誉。

别名： 紫米

营养成分： 含蛋白质、糖类、维生素B_1和维生素C、钙、铁、磷等。

性味归经： 性平，味甘，归肝、肾、脾、胃经。

优质黑米有光泽，米粒大小均匀，很少有碎米、爆腰，无虫，不含杂质。次质、劣质黑米的色泽暗淡，米粒大小不均，碎米多，有虫。手中取少量黑米，向黑米哈一口热气，立即嗅气味，优质黑米具有正常的清香味。

1. 黑米中的黄酮类化合物能维持血管正常渗透压，减轻血管脆性，防止血管破裂，还有止血作用。
2. 黑米还具有改善心肌营养、降低心肌耗氧量、降低血压等功效。
3. 黑米中的膳食纤维含量十分丰富，能够降低血液中胆固醇的含量，有助于预防冠状动脉硬化引起的心脏病。

清洗：清洗黑米的次数切忌过多，以免造成营养成分流失，淘洗 1 ~ 2 次，无悬浮杂质即可。

正确保存

通风储存法：黑米要保存在通风、阴凉处。如果选购袋装密封黑米，可直接将其放于通风处。散装黑米需要放入保鲜袋或不锈钢容器内，密封后置于阴凉通风处保存。

容器储存法：将黑米装于有盖密封的容器中，置通风、阴凉、干燥处储存，要防潮、防米虫。也可把黑米放在大的塑料瓶里，封口，放入冰箱保存。

美味菜谱

黑米杂粮饭

• 烹饪时间：52分钟　• 功效：增强免疫力

原料　黑米、荞麦、绿豆各50克，燕麦40克，鲜玉米粒90克，熟枸杞子适量

做法　1.把准备好的黑米、荞麦、绿豆、燕麦放入碗中，加入适量的清水，清洗干净。2.将洗好的上述杂粮捞出，装入另一碗中，倒入适量清水。3.将装有食材的碗放入烧开的蒸锅中，盖上盖，用中火蒸约40分钟，至食材熟透。4.揭盖，把蒸好的杂粮饭取出。放上熟枸杞子点缀即可。

小麦

热　量：317千卡/100克

盛产期：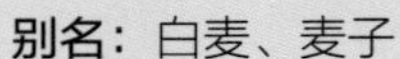（月份）

小麦简介：小麦为禾本科植物小麦的种仁，是中国北方人民的主食，自古就是滋养人体的重要食物。

别名：白麦、麦子

性味归经：性凉，味甘，归心、脾、肾经。

营养成分：含蛋白质、糖类、钙、磷、铁、多种维生素、氨基酸及麦芽糖酶、淀粉酶等。

食材选购

小麦的选购可以通过直接观察外观来判断：品质良好的小麦，颗粒完整，个体大小比较均匀，碎粒少。干燥不潮湿，分量适中，硬度较大。

营养功效

1. 小麦含淀粉、蛋白质、脂肪、卵磷脂、磷、铁等营养素，以及多种酶及维生素，因而有保护人体血液、心脏以及维持神经系统正常工作的功能。
2. 小麦有养心益肾、清热止渴、调理脾胃的功效，特别适合体虚者食用。
3. 小麦还可养心气，能安定精神、辅助治疗神经衰弱。

安全处理

清洗：小麦的清洗次数不要过多，以免造成营养成分的大量流失，加入适量清水，淘洗 1 ~ 2 遍，无悬浮杂质即可。

正确保存

通风储存法：如果选购袋装密封小麦，直接放于通风处即可；散装小麦需要放入保鲜袋，密封后置于阴凉通风处保存。

冰箱冷藏法：小麦也可以用小袋子分装，放入冰箱的冷藏室内冷藏保存。

瓶装储存法：把少量小麦放在大的塑料瓶里，封口，放冰箱里保存。

蒜瓣防虫法：将小麦放在阴凉通风处，小麦堆里放些蒜瓣即可防虫。

美味菜谱

小麦红豆玉米粥

• 烹饪时间：50分钟　　• 功效：养心益肾

原料　水发小麦80克，水发红豆90克，水发大米130克，鲜玉米粒90克

调料　盐2克

做法　1.砂锅中注入适量清水，用大火烧开，倒入洗净的大米。2.放入洗好的玉米粒，再放入洗净的小麦、红豆，搅拌均匀。盖上盖子，烧开后用小火煮约40分钟，至食材熟透。3.揭盖，放入少许盐，拌匀调味。4.关火后将煮好的粥盛出，装入碗中即可。

燕麦

热　量： 367千卡 / 100克

盛产期： ①②③④⑤⑥⑦⑧⑨⑩⑪⑫（月份）

燕麦简介： 燕麦为禾本科植物燕麦的果实，又叫野麦、雀麦。在美国《时代》杂志评出的十大健康食品中，燕麦名列第五。

别名： 莜麦、玉麦、铃铛麦、雀麦、野麦

性味归经： 性平，味甘，归肝、脾、胃经。

营养成分： 含维生素B_1和维生素B_2以及膳食纤维、钙、磷、铁、铜、锌、锰等。

尽量选择能看得见燕麦片特有形状的产品，即便是速食产品，也应当看到已经散碎的燕麦片。不要选择甜味很浓的产品，这意味着其中 50% 以上是糖分。口感细腻、黏度不足的不要买，因为其中燕麦含量低、糊精含量高。

1. 燕麦中含有极其丰富的亚油酸，对脂肪肝、糖尿病、水肿、便秘等有辅助疗效，对老年人增强体力、延年益寿也是大有裨益的。
2. 燕麦含有丰富的可溶性纤维，可促使胆酸排出体外，降低血液中胆固醇含量，减少脂肪的摄取。也因可溶性纤维会吸收大量水分，容易形成饱足感，故燕麦是瘦身者节食的极佳选择。

清洗：燕麦清洗一般用清水轻轻搅动淘洗，至没有杂质即可。

正确保存

燕麦粒里面掺放用纱布包起来的花椒，密封后置于阴凉干燥处。如果是开封了的燕麦片，需要连同包装放入密封容器内，盖上容器盖，再置于通风、干燥处保存即可。

美味菜谱

果仁燕麦粥

• 烹饪时间：42分钟　　• 功效：降低胆固醇

原料　水发大米120克，燕麦85克，核桃仁、巴旦木仁各35克，腰果、葡萄干各20克

做法　1.把干果放入榨汁机干磨杯中，磨成粉末状，把干果粉末倒出，待用。2.砂锅中注入适量清水烧开，倒入洗净的大米，搅散，再加入洗好的燕麦，用小火煮30分钟，至食材熟透。3.揭开盖，倒入干果粉末，放入部分洗好的葡萄干拌匀，略煮片刻。4.把粥盛出，撒上剩余的葡萄干即可。

芝麻

热　量：531千卡／100克

盛产期：①②③④⑤⑥⑦⑧⑨⑩⑪⑫（月份）

芝麻简介：芝麻仁为胡麻科植物芝麻的种子，又叫胡麻、油麻，主要有黑芝麻、白芝麻两种。古代养生学家陶弘景对芝麻的评价是“八谷之中，唯此为良”。

别名：胡麻

性味归经：性平，味甘，归肝、肾、肺、脾经。

营养成分：含蛋白质、铁、钙、维生素A、维生素D、维生素E、B族维生素、糖类等。

品质优良的白芝麻仁色泽鲜亮、纯净，外观白色，大而饱满，皮薄，嘴尖而小；劣质芝麻仁的色泽发暗，外观不饱满或萎缩，嘴尖过长，有虫蛀粒、破损粒。真正的黑芝麻仁吃起来不苦，反而有轻微的甜感，有芝麻仁香味，不会有异味。

1. 芝麻仁含有大量的亚油酸、花生油酸等不饱和脂肪酸，能抑制人体对胆固醇、脂肪的吸收，可预防高血压、动脉硬化等心血管疾病的发生，并具有补脑效果。
2. 芝麻仁含脂肪甚多，能润肠通便，对肠液减少引起的便秘，单独应用即有效。
3. 芝麻仁含有丰富的维生素 E，可抑制体内自由基活跃，能达到抗氧化、延缓人体衰老的功效。

安全处理

清洗：把芝麻仁倒在纱布上，去泥，提起纱布四角，扎紧，放进水盆里揉搓，再连包带芝麻仁沥干，最后晒干即可。

正确保存

通风储存法：可将芝麻放在干燥、密封效果好的容器内，置于通风、阴凉处保存即可。

冰箱冷藏法：芝麻用塑料袋装好，放入冰箱的冷藏室内冷藏保存。

塑料袋贮藏法：选用无毒的塑料袋若干个，每两个套在一起备用，将干燥的芝麻装入双层袋内，装好之后挤掉袋中的残余空气，用绳扎紧袋口，使袋内芝麻和外界环境隔绝，可长期保鲜。

美味菜谱 芝麻仁带鱼

• 烹饪时间：30分钟　　• 功效：延缓衰老

原料　带鱼140克，熟芝麻仁20克，姜片、葱花各少许

调料　盐3克，鸡粉3克，生粉7克，生抽4毫升，水淀粉、辣椒油、老抽、料酒、食用油各适量

做法　1.带鱼处理干净切块，装碗，加姜片、盐、鸡粉、生抽、料酒、生粉拌匀，腌渍约15分钟，入油锅，炸黄捞出。2.锅底留油，倒入少许清水，加入辣椒油、盐、鸡粉、生抽，拌匀煮沸。3.倒入适量水淀粉，调成浓汁，淋入老抽，炒匀上色，放入带鱼块炒匀，撒入葱花，撒上熟芝麻仁即可。

黄豆

热　量： 531千卡 / 100克

盛产期： ①②③④⑤⑥⑦⑧⑨⑩⑪⑫（月份）

黄豆简介： 黄豆为荚豆科植物大豆的种子，又叫大豆、黄大豆，是所有豆类中营养价值最高的。故黄豆有“田中之肉”“植物蛋白之王”等美誉。

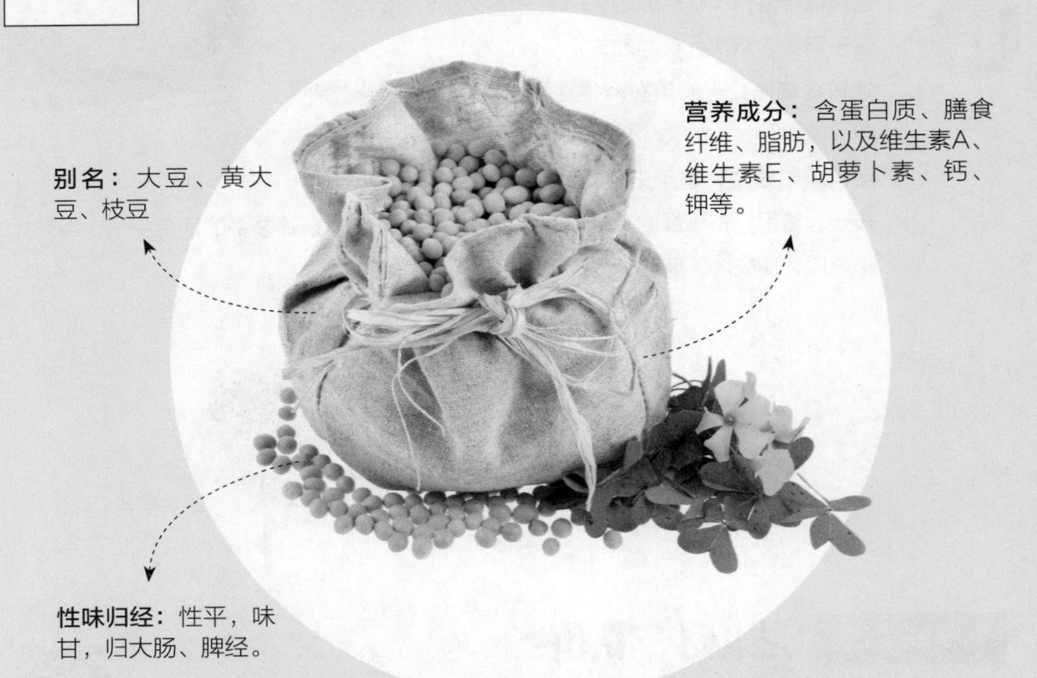

别名： 大豆、黄大豆、枝豆

营养成分： 含蛋白质、膳食纤维、脂肪，以及维生素A、维生素E、胡萝卜素、钙、钾等。

性味归经： 性平，味甘，归大肠、脾经。

食材选购

颗粒饱满且整齐均匀，无破瓣，无缺损，无虫害，无霉变，无挂丝的为好黄豆；颗粒瘦瘪，不完整，大小不一，有破瓣，有虫蛀霉变的为劣质黄豆。颜色明亮有光泽的是好黄豆；若色泽暗淡，无光泽则为劣质黄豆。

营养功效

1. 黄豆含丰富的铁，易被人体吸收，可防止缺铁性贫血，对婴幼儿及孕妇尤为重要；其所含的锌具有促进生长发育、防止不育症的作用；而所含的维生素 B_1 可促进婴儿脑部的发育，防止肌痉挛。

2. 黄豆含有蛋白质和豆固醇，能明显地改善和降低血脂和胆固醇，从而降低患心血管疾病的概率。

安全处理

清洗：将黄豆用清水冲洗2～3遍即可。

正确保存

通风储存法：用塑料袋装好，放进密封的容器里，置于阴凉、干燥、通风处保存，并注意防鼠、防霉变。

蒜瓣储存法：把黄豆晒干，然后把黄豆装进瓶子里再放几片大蒜，最后把瓶子盖紧。如果瓶子的面积大就多放点大蒜，这样可以放一年。

冰箱冷冻法：可以将黄豆放入锅中用开水焯一下，然后捞起沥干水，放在阴凉处彻底晾干，再用保鲜袋密封好，放入冰箱的冷冻室，可以让黄豆不生虫。

容器储存法：将黄豆彻底晒干后放入土制的瓮中保存，也能让黄豆不生虫。

辣椒储存法：取足够容量的密封罐一个，辣椒干若干。把辣椒干（整个的辣椒干可剪成丝）和黄豆混合，放在密封罐里，将密封罐放在通风干燥处即可。

美味菜谱

海带黄豆猪蹄汤

• 烹饪时间：70分钟　　• 功效：美容养颜

原料　猪蹄500克，水发黄豆100克，海带80克，姜片40克

调料　盐、鸡粉各2克，胡椒粉少许，料酒6毫升，白醋15毫升

做法　1.将猪蹄洗净斩成小块；海带洗净切成小块。2.锅中注水烧热，放入猪蹄块，淋上白醋，煮一会儿，捞出待用，再放入海带块，煮约半分钟，捞出。3.砂锅中注水烧开，放入姜片、黄豆、猪蹄块、海带块搅匀，淋入料酒煮沸。用小火煲煮约1小时，再加鸡粉、盐、胡椒粉煮片刻即可。

绿豆

热　量： 316千卡/100克

盛产期： ①②③④⑤⑥⑦⑧⑨⑩⑪⑫（月份）

绿豆简介： 绿豆为蝶形花科植物绿豆的种子，又叫青小豆、青豆子，是我国的传统豆类食物。它不但具有良好的食用价值，还具有非常好的药用价值，有“济世之良谷”之称。

别名： 青小豆、植豆

性味归经： 性凉，味甘，归心、胃经。

营养成分： 含蛋白质、糖类、膳食纤维，以及维生素A、维生素E、钾、胡萝卜素等。

优质绿豆外皮蜡质，子粒饱满、均匀，很少破碎，无虫，不含杂质。次质、劣质绿豆色泽暗淡，子粒大小不均，饱满度差，破碎多，有虫，有杂质。新鲜的绿豆应是鲜绿色的，老的绿豆颜色会发黄。

1. 绿豆中的多糖成分能增加血清脂蛋白酶的活性，使三酰甘油水解，达到降血脂的功效，从而防治冠心病。
2. 绿豆中含有单宁等抗菌成分，有局部止血和促进创面修复的作用。
3. 绿豆还是提取植物性超氧化物歧化酶的良好原料，具有很好的抗衰老功能。

清洗：将绿豆用清水冲洗 2 ~ 3 遍即可。

正确保存

通风储存法：将绿豆盛装在小布袋中，扎上口系紧，吊在干燥、通风的地方，经常拿到户外晒晒太阳，这样就不容易被虫蛀了。

容器储存法：可用坛贮，通常坛底填少量生石灰吸潮，然后用麻袋垫上，再将晒干冷却的绿豆装进坛内，最后用塑料布将坛口封严，放在干燥阴凉的地方。

冷冻储存法：将绿豆装在塑料袋里，放在冷冻室冻上几天，再放在瓶里密封，可以防止生虫。

辣椒储存法：取足够容量的密封罐一个，辣椒干若干。把辣椒干（若是整个的辣椒干可剪成丝）和绿豆混合，放在密封罐里，将密封罐放在通风干燥处，可以防虫。

美味菜谱

马齿苋绿豆汤

• 烹饪时间：48分钟 • 功效：清热祛火

原料 马齿苋90克，水发绿豆70克，水发薏米70克

调料 盐2克，食用油2毫升

做法 1.将洗净的马齿苋切成段。2.砂锅中注入适量清水，烧开，倒入薏米，放入水发绿豆，搅拌匀。3.盖上盖，烧开后用小火炖煮30分钟，至食材熟软。4.揭盖，放入马齿苋段，搅匀，盖上盖，用小火煮10分钟，至食材熟透。5.揭盖，放入适量食用油、盐，拌匀调味即可。

赤豆

热　量：309千卡/100克

盛产期：1 2 3 4 5 6 7 8 9 10 11 12（月份）

赤豆简介：赤豆别名红豆、赤小豆、猪肝赤、杜赤豆等。赤豆富含淀粉，因此又被人们称为“饭豆”，具有“利小便、消胀、除肿、止吐”的功能，被李时珍称为“心之谷”。

别名：红豆、赤小豆

性味归经：性平，味甘、酸，归心、小肠经。

营养成分：含蛋白质、脂肪、糖类，以及维生素B_1、维生素E、烟酸等。

赤豆一般以颗粒均匀、色泽红润、饱满光泽、皮薄者为佳品。优质赤豆通常具有正常豆类的香气和口味。

1. 赤豆富含铁质，能让人气色红润，多摄取赤豆，还有补血、促进血液循环、强化体力、增强抵抗力、缓解经期不适症状的效果。

2. 赤豆含有的膳食纤维，具有良好的润肠通便、降血压、降血脂、调节血糖、解毒抗癌、预防结石、健美减肥的作用。

3.赤豆中的皂苷可刺激肠管，有良好的利尿作用，能解酒、解毒，对心脏病和肾病、水肿患者均有益。

清洗：将赤豆用清水冲洗 2 ~ 3 遍即可。

正确保存

容器储存法：赤豆用有盖的容器装好，放于阴凉、干燥、通风处保存为宜。

辣椒储存法：将赤豆放入塑料袋中，再放入一些剪碎的干辣椒，密封起来。将密封好的塑料袋放置于干燥通风处，可以防霉、防虫、防潮，能保存一年不坏。

冰箱冷藏法：先晒一晒，去除水分，用干净的食品保鲜袋装入，封口后放进冰箱冷藏。

蒜瓣储存法：用塑料袋装好赤豆，存放时加几颗大蒜，可防虫蛀。

美味菜谱

赤豆南瓜粥

• 烹饪时间：45分钟　　• 功效：祛湿消脂

原料　水发赤豆85克，水发大米100克，南瓜120克

做法　1.洗净去皮的南瓜切厚块，再切条，改切成丁，备用。2.砂锅中注入适量清水烧开，倒入洗净的大米，搅匀，加入赤豆，搅拌匀。3.用小火煮30分钟，至食材软烂，倒入南瓜丁，搅拌匀。4.用小火续煮5分钟，至全部食材熟透。5.将煮好的粥盛出，装入汤碗即可。

核桃

热　量： 627千卡/100克

盛产期： 1 2 3 4 5 6 7 8 9 10 11 12（月份）

核桃简介： 核桃与扁桃、腰果、榛子并列为世界四大坚果。它几乎遍及世界各地，享有“长寿果”“养人之宝”的美称。

别名： 羌桃、胡桃、英国胡桃、波斯胡桃

性味归经： 性平，味甘、微苦，归肺、肾、大肠经。

营养成分： 含蛋白质、糖类、钙、磷、铁、脂肪、维生素A、维生素B_1、维生素B_2、维生素C等。

核桃个头要均匀，缝合线紧密。大颗果实生长周期长，营养成分含量更高。饱满的果实应为自然成熟，口感细嫩，香味更佳。壳薄白净，果仁易出壳。

看颜色：果仁仁衣色泽以黄白为上，暗黄为次，褐黄更次。带深褐斑纹的“虎皮核桃”质量通常不好。

1. 核桃所含丰富的磷脂和赖氨酸，对长期从事脑力劳动或体力劳动者极为有益，能有效补充脑部营养，健脑益智，增强记忆力。

2. 核桃含有亚油酸和大量的维生素 E，可提高细胞的生长速度。经常食用核桃，有润肌肤、乌须发的作用，可以让皮肤滋润光滑，富有弹性。

安全处理

清洗：先将核桃在清水中浸泡，用针挑出纹路中的脏物，再用牙刷反复刷洗核桃，至核桃表皮干净即可。

正确保存

风干保存法：带壳的核桃可以在风干之后放在干燥处保存。

密封保存法：将核桃仁放入罐内密封好，放置在阴凉、干燥处。

冰箱冷藏法：将核桃仁倒入食品袋内，再放入冰箱的冷藏室中。

美味菜谱

核桃枸杞肉丁

• 烹饪时间：20分钟　　• 功效：健脑益智

原料　核桃仁40克，瘦肉120克，枸杞子5克，姜片、蒜末、葱段各少许

调料　盐、鸡粉各少许，料酒4毫升，水淀粉、食用油各适量

做法　1.将瘦肉切丁，加盐、鸡粉、水淀粉抓匀，倒入食用油腌渍10分钟。2.核桃仁入油锅炸出香味，捞出。3.锅放油，放入姜片、蒜末、葱段，爆香，倒入瘦肉丁，炒松散，加入料酒、枸杞子、盐、鸡粉、核桃仁炒匀即可。

板栗

热　量：185千卡/100克

盛产期：①②③④⑤⑥⑦⑧⑨⑩⑪⑫（月份）

板栗简介：板栗素有“千果之王”的美誉，与桃、杏、李、枣并称“五果”，属于健脾补肾、延年益寿的上等果品。

别名：栗、栗子、毛栗

性味归经：性温，味甘，归脾、胃、肾经。

营养成分：含糖类、蛋白质、脂肪、钙、磷、铁、钾、维生素C、维生素B_1、维生素B_2等。

食材选购

挑选板栗的时候一定要仔细看看，有没有虫眼、小洞之类的。有的生板栗看起来表面光亮亮的，颜色深如巧克力，这样的板栗不要买，这是陈年的。要挑选那种颜色浅一些的，不太光鲜的才是新板栗。

营养功效

1. 板栗中含有丰富的不饱和脂肪酸和维生素、矿物质，能防治高血压、冠心病、动脉硬化、骨质疏松等疾病，因此，板栗是抗衰老、延年益寿的滋补佳品。
2. 板栗含有维生素 B_2，常吃板栗对日久难愈的小儿口舌生疮和成人口腔溃疡均有益。
3. 板栗能供给人体较多的热能，并能帮助脂肪代谢。

安全处理

清洗：鲜板栗用淡盐水泡一会儿，再用清水清洗。干板栗无需清洗，取肉可直接食用。

正确保存

塑料袋藏法：将板栗装在塑料袋中，放在通风好、气温稳定的地下室内。气温10℃以上时，塑料袋口要打开；气温在10℃以下时，把塑料袋口扎紧保存。初期每隔7～10天翻动一次。1个月后，翻动次数可适当减少。

美味菜谱

桂花红薯板栗甜汤

• 烹饪时间：42分钟　• 功效：抗衰老

原料　红薯100克，板栗肉120克，桂花少许

调料　冰糖适量

做法　1.洗好去皮的红薯切成小块。2.砂锅中注入适量清水烧开，放入板栗肉、红薯块，用小火煮约30分钟至食材熟透。3.撒上桂花，放入冰糖拌匀，续煮5分钟，至食材入味。4.关火后揭开盖，搅拌均匀，盛出煮好的甜汤即可。

花生

热　量：589千卡/100克

盛产期：①②③④⑤⑥⑦⑧⑨⑩⑪⑫（月份）

花生简介：花生米品质优良，（质量分数）高达50%的含油量，被人们誉为“植物肉”，适宜制作成各种营养食品。

别名：落生、落花生、金果、长果

性味归经：性平，味甘，归脾、肺经。

营养成分：含蛋白质，以及维生素B_1、叶酸、烟酸、维生素E、镁、钙、铁、硒、钾等。

优质花生的果荚呈土黄色或白色，劣质花生的果荚则颜色灰暗。将花生剥去果荚之后闻其气味，优质的花生米能闻到特有的气味，温和细腻，而次品花生米只能闻到很淡或者闻不到特有的气味。

1. 花生米中含钙量丰富，对于促进儿童的骨骼发育有积极作用，并且能有效防止老年人骨骼退行性病变发生。
2. 花生米中蛋白质及脂肪含量高，对于产后乳汁不足者有很好的通乳养血作用。
3. 花生米中含有丰富的维生素 A、维生素 D、维生素 E、维生素 B_2 及铁、钙，能够有效促进脑细胞发育，增强记忆力。

安全处理

清洗：带壳的花生往往带有很多泥土难以清洗，可以先把花生用清水清洗两遍，洗掉大部分泥土，再在花生上撒上少许淀粉，用手搓洗花生，反复几次之后，花生就会被清理得很干净了。

正确保存

密封储存法：花生受潮后容易引发霉菌感染，因此在储存花生的时候必须密封，存放在干燥处。

干辣椒储存法：将花生摊晒干燥，用密封的包装袋包装，在袋中装几片干辣椒，最后将花生放在干燥通风处。

美味菜谱

栗子玉米花生瘦肉汤

• 烹饪时间：130分钟　　• 功效：增强免疫力

原料　栗子肉、花生各30克，胡萝卜丁40克，猪瘦肉、玉米各100克，姜片少许，高汤适量

调料　盐2克

做法　1.锅中注水烧开，倒入猪瘦肉，搅拌均匀，煮约2分钟，撇去血水。2.砂锅中注入适量高汤烧开，倒入备好的猪瘦肉，放入洗净的玉米、栗子肉。3.倒入胡萝卜丁、花生、姜片，大火烧开后转小火炖约2小时，至食材熟透。揭开盖，加入盐，拌匀调味。4.盛出炖煮好的汤料，装入碗中即可。

莲子

热　量： 344千卡/100克

盛产期： ①②③④⑤⑥⑦⑧⑨⑩⑪⑫（月份）

莲子简介： 莲子取自秋冬季节果实成熟的莲房（莲蓬），或是坠入水中、沉在泥里的果实。

别名： 莲肉、莲实、莲米

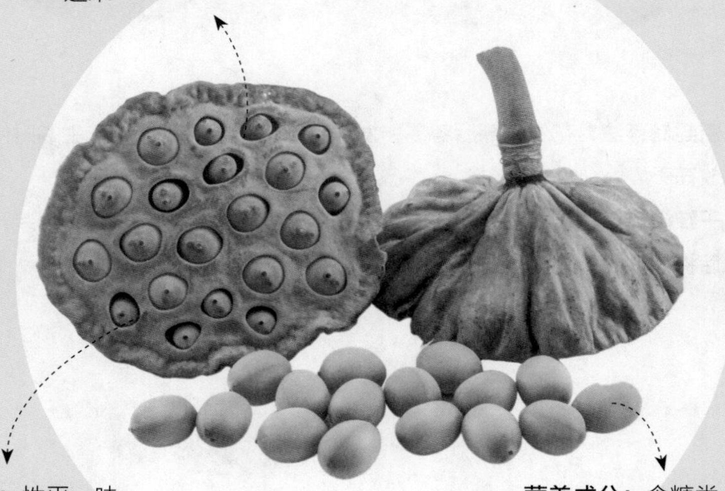

性味归经： 性平，味甘、涩，归脾、肾、心经。

营养成分： 含糖类、蛋白质、维生素C、维生素E、烟酸、镁、钙、铁、锌等。

在选择莲子的时候如果看到很白的莲子，则有可能是被漂白过的，最好不要买。好的莲子是会有一点点泛微黄，还有些皱皱的，有的莲子也会有残留的一点红皮。优质的莲子闻起来会有莲子的清香气味。

营养功效

1. 莲子中富含生物碱，具有强心作用。
2. 莲子中含有的棉籽糖有很好的滋补效果，特别适合产后妇女和老年体虚者。
3. 青年人多梦、频繁遗精者可以多食莲子，因莲子中含有的莲子碱对于性欲有很好的平抑作用。
4. 莲子带心食用能有效清心火。

清洗： 将莲子在水中浸泡一段时间，再来回搓洗莲子，用清水冲净即可。

正确保存

密封储存法： 莲子很容易受潮变质，在储存莲子的时候要将储存莲子的容器密封好，再将封好的莲子放在阴凉干燥的地方。

冰箱冷藏法： 可以将莲子放在冰箱中冷藏，这可以有效延长莲子的保存期限。

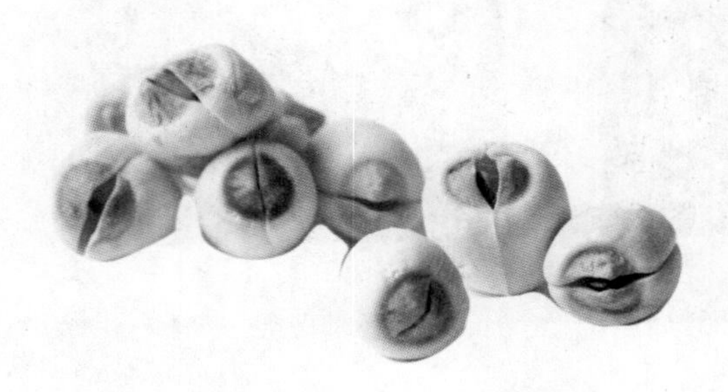

美味菜谱

灵芝莲子百合粥

• 烹饪时间：62分钟　• 功效：强心安神

原料　水发大米150克，水发莲子70克，鲜百合40克，灵芝20克

做法　1.砂锅注水烧开，放入洗净的灵芝，烧开后用小火煮约20分钟，至药材析出有效成分，捞出灵芝。2.再倒入洗净的大米、莲子、百合，搅拌匀，煮沸后用小火煮约30分钟，至米粒熟软。3.揭开盖，略微搅拌片刻，再用大火续煮一会儿。4.关火后盛出煮好的粥，装入碗中即成。